职业教育环境科学系列教材

物理性污染检测与控制

WULIXING WURAN JIANCE YU KONGZHI

主　编　吕笑笑　相会强
副主编　孔丝纺　姚婷婷　胡文娟

西安电子科技大学出版社

内 容 简 介

本书根据高职高专、高职本科院校环境监测技术专业主干课程"物理性污染检测与控制"的教学要求编写，系统、简明地阐述了物理性污染检测技术的基础理论知识、检测方法和技术。全书共分为 4 章，主要内容包括噪声、电磁辐射以及放射性三大物理性污染的概念、危害及来源、评价方法和标准、主要的检测技术、常见的监测实践项目，以及物理性污染主要的控制技术。

本书可以作为高职本科、高职专科环境类专业学生的教材(其中适用于本科的内容以 * 标记，各院校可根据需求选择合适的内容)，也可以作为环保行业相关专业技术人员的学习和培训用书。

图书在版编目（CIP）数据

物理性污染检测与控制 / 吕笑笑，相会强主编. -- 西安：西安电子科技大学出版社，2025. 6. -- ISBN 978-7-5606-7549-7

Ⅰ. X12

中国国家版本馆 CIP 数据核字第 2025CP0923 号

策　　划	明政珠			
责任编辑	明政珠			
出版发行	西安电子科技大学出版社（西安市太白南路 2 号）			
电　　话	(029) 88202421　88201467	邮　　编	710071	
网　　址	www. xduph. com	电子邮箱	xdupfxb001@163. com	
经　　销	新华书店			
印刷单位	咸阳华盛印务有限责任公司			
版　　次	2025 年 6 月第 1 版	2025 年 6 月第 1 次印刷		
开　　本	787 毫米×1092 毫米　1/16	印　　张	10.75	
字　　数	249 千字			
定　　价	38.00 元			

ISBN 978-7-5606-7549-7

XDUP 7850001-1

＊＊＊ 如有印装问题可调换 ＊＊＊

前　言

随着科学技术的发展，人们的生活水平不断提高，人们对衣、食、住、行、通信等各个方面的要求也越来越高。然而，各类物理性污染也悄然进入我们的生活，对我们的生活、学习、工作甚至身体健康产生了严重影响和潜在威胁。物理性污染的重要特点是隐蔽性强，不容易引起人们的重视。然而，污染一旦产生，其治理难度比较大，必须以预防为主、防治结合才能获得较好的效果。因此，深入了解物理性污染产生的原因及其危害，做好监测和监督工作，是实施物理性污染防治工作、降低物理性污染危害的重要前提。

物理性污染是指由物理因素引起的环境污染，主要包括噪声污染、振动污染、放射性污染、电磁辐射污染、热污染、光污染等。和化学性污染、生物性污染相比，物理性污染有两个特点：一是物理性污染是局部性的，区域性和全球性污染比较少见；二是物理性污染在环境中不会有残余的物质存在，一旦污染源消除，物理性污染也随即消失。

物理性污染的研究内容主要包括物理性污染产生的机理及规律、物理性污染评价方法和标准、物理性污染测试和监测、物理性污染的环境影响评价、物理性污染控制基本方法和技术。虽然利用技术手段能够对物理性污染进行控制，但是采取各种控制技术会涉及经济、管理和立法等问题，所以要对防治技术进行综合研究，以获得最佳方案。

本书是高职高专、高职本科院校环境监测技术专业主干课程"物理性污染检测与控制"的教材。本书在编写过程中，以最新的国家职业标准为依据，以综合职业能力培养为目标，以典型工作任务为载体，以学生为中心，根据典型工作任务和工作过程设计课程体系和内容，按照工作过程和学生自主学习的要求进行教学设计并安排教学活动，以期实现理论教学与实践教学融合、能力培养与工作岗位对接、实习实训与顶岗工作合一。

本书分为4章，主要包括噪声污染的监测、电磁辐射污染的监测、放射性污染的监测以及物理性污染的控制等内容。本书是多元化、立体化教材，配套有教学设计、教学方案、课件、微课、动画以及其他文本资源，提供了整套教学方案，充分满足教学需要。读者可登录西安电子科技大学出版社官方网站获取与本书配套的教学设计、教学方案、课件等资源，并可通过扫描书中二维码观看微课、动画及其他文本资源。

近些年，我国环保事业蓬勃发展，物理性污染检测与控制科学还处于快速发展之中，加之编者的知识水平和经验有限，书中不足之处在所难免，敬请各位读者批评指正。

编　者

2024 年 9 月

目 录

01

第1章　噪声污染的监测

研究资料和调查结果显示，在城市居民对各种环境污染的投诉中，有关噪声污染的投诉是最多的。在欧美发达国家，超过半数的居民受到噪声的困扰。在日本，从诉讼案所占比例来看，与噪声相关的居首位。在我国，超过 40% 的城市居民生活在超过噪声标准的环境中，绝大多数居民对其住宅遭受噪声干扰感到不满，要求改善的呼声越来越高。近年来，我国涌现出越来越多有关噪声干扰和商品房隔声问题的民事诉讼案件。一项全国范围的"改善城市住宅功能与质量"的综合调查结果表明，在住宅改善的需求中，居民最为迫切的是改善声环境，占比高达 35%，位居首位。清华大学在近年对北京、上海、广州等地的 200 多户住宅进行的声环境调查中发现，80% 的居民表示受到噪声的干扰，而在改善意愿的需求中，隔声要求最为迫切。可以说，在我国住宅建设质量不断提升的今天，改善和提高居住环境声质量已成为当务之急。

知识基础 1.1　噪声及其危害

1.1.1　噪声的概念

声音是人类传递信息的重要方式。通过声音交流，人类的知识得以连续传递、积累和发展。然而，现代工业文明带来了前所未有的噪声干扰。在当今世界，地面上的汽车、空中的飞机、工厂中的机器设

物理性污染的概念

备、工地上的施工机械、拥挤的街道、住宅楼内的喧嚣……无处不发出噪声。噪声已与水污染、空气污染、垃圾污染齐名，成为现代社会的四大公害之一。关于噪声干扰的居民投诉一直占据环境污染投诉的一半以上。

那么，什么是噪声呢？

噪声是指人们不需要的声音，可能是由自然现象产生的，也可能是由人类活动引起的；可以是杂乱无序的宽频噪声，也可以是节奏和谐的音乐。只要音量超过人们日常生活和社

会活动所能容忍的程度,这样的声音就被定义为噪声。如果某处(某事物)产生的环境噪声超过了国家规定的排放标准,且干扰了他人正常的生活、工作和学习,就构成了噪声污染。

噪声污染事件通常由三个要素构成,即噪声源、传播途径和受影响的接收者。噪声源是噪声产生的来源,传播途径是指噪声通过何种途径传播到接收者那里,而接收者则是指受到噪声影响的个人或物体。

1.1.2 噪声的种类

噪声按照来源可分为自然噪声和人类活动噪声。火山爆发、地震、潮汐、降雨和刮风等自然现象能够引起的地面震动声、雷声、水声和风声等都属于自然噪声;工业噪声、交通噪声、建筑施工噪声和社会噪声等都属于人类活动噪声。

1. 工业噪声

工业噪声是指在工业生产中由于生产设备运行所产生的噪声。随着现代工业的迅猛发展,工业噪声污染已成为一个不容忽视的问题。工业噪声不仅会直接危害工人健康,对附近居民也会造成很大影响。工业噪声主要包括空气动力噪声、机械噪声和电磁噪声三种。空气动力噪声是由气体振动产生的声波,例如风机内叶片高速旋转或气流通过叶片时产生的声波。空压机、发动机、燃气轮机和高炉排气等都会产生空气动力噪声。风铲、大型鼓风机的噪声可达130 dB(A)以上。机械噪声是机器设备在运行过程中由固体振动产生的噪声,例如磨机、织机等的工作噪声,其分贝值一般为80~120 dB(A)。电磁噪声是由电动机、发电机和变压器的交变磁场中交变力相互作用而产生的噪声。

2. 交通噪声

随着城市化和交通运输业的发展,交通噪声污染日益成为人们生活中的主要困扰之一。飞机、火车、汽车等交通工具运行产生的噪声不仅影响范围广泛,而且排放量大,尤其是飞机起降产生的噪声和汽车的喇叭声。

3. 建筑施工噪声

建筑施工活动所产生的噪声污染也是一个常见问题。尽管这种噪声是临时性的,但其声音强度较高且常常发生在露天环境下,因此会对周围居民的生活造成严重影响。例如,建筑工地上的打桩声可以传播到数千米以外。

4. 社会噪声

社会噪声主要是指由社会活动和家庭生活所引起的噪声。例如,电视声、音响声、乐器声、走动声以及门窗关闭时的撞击声等,虽然声音不大,但由于近距离存在,常常会干扰到周围居民的生活。

以上种种类型的噪声污染共同构成了现代社会中不可忽视的噪声污染问题。

另外,噪声按声源的机械特点可分为气体扰动产生的噪声、固体振动产生的噪声、液体撞击产生的噪声以及电磁作用产生的电磁噪声等。

噪声按频率可分为小于400 Hz的低频噪声、400~1000 Hz的中频噪声以及大于1000 Hz的高频噪声。

噪声按时间变化的属性可分为稳态噪声、非稳态噪声以及脉冲噪声等。

1.1.3　噪声污染的特点

实质上，噪声就是我们听到的声音。与其他类型的污染相比，噪声污染有其独特之处：它的影响范围广，噪声源遍布各处；每个噪声源影响的范围有限，不像其他污染能够扩散到更远的地方；噪声不能长时间滞留，一旦噪声源停止，污染便会消失；噪声污染不会随时间积累，噪声最终会转化为热能而散失。因此，处理噪声污染需要采取特殊的方法，而不能简单地集中处理。

1.1.4　噪声的危害

1. 噪声干扰人们的正常生活

噪声会对人们的正常生活产生多方面的影响，主要表现在以下几个方面：人们在工作和学习时，注意力难以集中；使人的情绪焦躁不安，产生不愉快感；影响睡眠质量；妨碍正常的语言交流。

以对睡眠的影响为例，研究表明，40~50 dB 的噪声就足以在睡眠中引起人脑电波的觉醒反应，表现为睡眠质量下降。不同性质的噪声在相同强度下对睡眠的影响程度也各异，见表 1-1。

表 1-1　噪声对人们睡眠的干扰程度

噪声程度/dB（A）	连续性噪声	冲击性噪声
40	有 10% 的人感觉到噪声影响	有 10% 的人突然惊醒
65	有 40% 的人感觉到噪声影响	有 80% 的人突然惊醒

为了保障工作效率，通常要求办公室、计算机房等工作场所的噪声控制在 60 dB 以下。一旦噪声超过 60 dB，就会显著影响人们的工作效率。而在人们休息的场所，如寝室等，噪声水平更应该低于 50 dB，以确保人们能够在安静的环境中得到有效的休息。

2. 噪声可诱发疾病

（1）导致听力损伤。

长时间接触强烈噪声会导致听力受损。根据国际标准化组织的规定，暴露在强噪声环境下，对 500 Hz、1000 Hz 和 2000 Hz 三个频率的平均听力损失超过 25 dB，称为噪声性耳聋。在这种情况下，进行正常交谈时，句子的可懂度下降 13%，而句子加单音节词的混合可懂度降低 38%。噪声性耳聋的发病率与噪声的强度、频率以及暴露的时间密切相关，强度越大，时间越长，发病率越高。

研究表明，长期暴露在 80 dB 以上的噪声环境中可能会对听力造成损害。在大于 85 dB 的噪声环境中工作 20 年，10% 的人可能会患上耳聋。当环境噪声超过 90 dB 时，患有耳聋的比例可能超过 20%。目前，国际上通常将 85 dB 作为工业噪声标准的依据，认为该强度以上的噪声可能会引起听力损失。

噪声的频率也会对听力产生影响，高频噪声容易导致内耳听觉器官病变。例如，低频噪声需达到 100 dB 以上才会引起听力损伤，中频噪声在 80~96 dB 范围内就可能导致听力受损，而高频噪声在 75 dB 的情况下即可产生听力损伤。

人们发现，当从高强度噪声环境返回到宁静的场所停留一段时间后，听力有望恢复，这一现象称为暂时性听觉偏移或听觉疲劳。然而，如果长时间在高强度噪声环境中工作，听力可能无法完全恢复，导致内耳感觉器官发生器质性病变，进而引发噪声性耳聋或永久性听力损失。听力损失的程度可以以听阈与正常听阈之间的差值来衡量，15～25 dB 的听力损失接近正常，25～40 dB 为中度耳聋，而 65 dB 以上则为重度耳聋，这时候听清大声喊叫可能会有一些困难。据统计，全球有超过 7000 万耳聋患者，其中很大一部分是由噪声引起的。

（2）损害心血管。

噪声是心血管疾病的致病因素。长期接触噪声可使体内肾上腺素分泌增加，从而使血压上升，进而加速心脏衰老，增加心肌梗死发病率。研究表明，长期生活在 70 dB 的噪声环境中，心肌梗死发病率会增加 30% 左右，尤其是夜间噪声，会使发病率更高。例如，生活在高速公路旁的居民，心肌梗死率会增加 30% 左右。一项调查显示，在 1101 名纺织女工中，高血压发病率为 7.2%，其中接触强度达 100 dB 噪声者，高血压发病率达 15.2%。

（3）引起女性生理机能损害。

噪声对女性的健康也有着不容忽视的影响，会导致月经失调、流产和早产等问题。专家们曾在哈尔滨、北京和长春等 7 个地区进行了为期 3 年的系统调查，调查结果表明，噪声不仅会导致女性患上噪声性聋，还会对她们的月经周期和生育产生不良影响。孕妇暴露于高噪声环境中，可能面临着流产、早产甚至胎儿畸形的风险。一项国外调查研究曾对某个地区的孕妇普遍发生流产和早产现象做了调查，结果发现她们居住在一个飞机场的周围，祸首正是那些起飞降落的飞机所产生的巨大噪声。

（4）影响儿童智力发育。

噪声对儿童的智力发育也有不利影响。据调查，在 75 dB 的噪声环境中生活的儿童，其心脑功能发育可能会受到不同程度的损害，尤其是 3 岁以下的儿童，其智力发育水平可能比在安静环境中生活的儿童低 20%。

（5）影响消化系统。

噪声会使人唾液、胃液分泌减少，胃酸减少，胃蠕动减弱，食欲缺乏，引起胃溃疡等。

（6）影响神经系统。

噪声还会引起神经系统功能紊乱、精神障碍、内分泌失调等。长期在高噪声的环境中工作，会使人出现头晕、头痛、失眠、多梦、全身乏力、记忆力减退以及恐惧、易怒、注意力不集中等症状，甚至失去理智。

3. 噪声损害设备和建筑物

高强度噪声的巨大能量会损害建筑物。如超声速低空飞行的军用飞机在掠过城市上空时，会导致民房玻璃破碎、烟囱倒塌等损害。美国统计了 3000 件喷气飞机使建筑物受损的事件，其中抹灰开裂的占 43%，窗损坏的占 32%，墙开裂的占 15%，瓦损坏的占 6%。在特高强度的噪声（160 dB 以上）影响下，不仅建筑物受损，发声体本身也可能因声疲劳而损坏，并使一些自动控制和遥控仪表设备失效。

此外，噪声的掩蔽效应往往使人不易察觉一些危险信号，从而容易造成工伤事故。我国几个大型钢铁企业都曾发生过高炉排气放空的强大噪声遮蔽了火车的鸣笛声，造成正在铁轨上工作的工人被火车轧死的惨痛事件。

1.1.5　我国城市噪声污染现状及防治措施

在我国城市中，交通噪声是主要的噪声来源（占 70％以上）。这些噪声来自汽车、火车、飞机等交通工具，因此交通噪声又可分为道路交通噪声、铁路交通噪声和航空噪声。随着机动车数量的急剧增加，道路交通成为最普遍的噪声污染源。工业噪声和施工噪声约占城市噪声源的 20％，主要是由生产过程和市政施工中机械振动、摩擦、撞击以及气流扰动等引起的。市政与建筑施工及旧城改造在相当长的一段时间内对附近的居民干扰较大，尤其是夏季的夜间施工，在距离 15 m 远处，打桩机的声功率级达 110～116 dB，混凝土搅拌机的声功率级为 86～100 dB，重型车辆往返不断的运输、装卸活动噪声达 80 dB 以上。

我国城市环境噪声污染一直比较严重，其影响范围和程度不断扩大，对居民的生活环境造成了极大影响，成为备受关注的城市环境问题之一。为了治理城市噪声污染，国家加强了对建筑施工、工业生产和社会生活噪声的监督管理，采取了限制机动车、火车在市区鸣笛的措施，对交通量大、噪声超标的路段采取了降噪措施，以控制交通噪声污染。同时，积极建设和规范管理达标的城市环境噪声区域，以维持重点城市环境噪声总体水平的稳定。目前，我国城市环境噪声控制的特点正在发生变化，重点从治理固定噪声源转向治理流动噪声源，从治理大环境噪声转向治理小环境噪声。

知识基础 1.2　　声　波

1.2.1　声波的产生

声音是由物体振动产生的，如说话的声音来源于人声带的振动，击鼓发出的声音是由于鼓面的振动。振动产生声音的物体称为声源，声源可以是固体，也可以是液体或气体，如波涛声就是由液体振动产生的，汽笛声是由空气或蒸汽振动产生的。

噪声的危害及控制

声音传播需要介质。声源振动时会带动周围介质中的分子一起振动，这些振动的分子又会使其周围的介质分子产生振动，这样，产生的振动以声波的形式向外传播。空气、液体和固体物质都可以作为声音传播的介质，因此，声波不仅可以在空气中传播，也可以在液体和固体中传播。但是，声波不能在真空中传播，因为在真空中不存在能够产生振动的弹性介质。根据传播介质的不同，可以将声分为空气声、水声和固体（结构）声等类型。声音在不同介质中传播的速度是不同的，一般情况下，固体传声的速度大于水传声，也大于空气传声，所以铁路工人会将耳朵贴在铁轨上判断是否有列车接近，这就是利用了固体传声速度比空气传声速度大的原理。噪声控制工程中主要涉及空气介质中的空气声。

声波的产生及传播　　　　声波的产生　　　　　　声波的传播

1.2.2　描述声波的物理量

1. 声压、周期和频率

没有声波扰动时，空气介质中的压强称为静态压强，用 P_0 表示。当声源振动时，其邻近的空气分子受到交替的压缩和扩张，形成疏密相间的空气分子，时疏时密，依次向外传播，如图 1-1 所示。

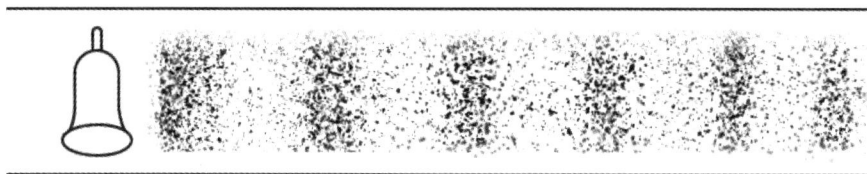

图 1-1　空气中的声波

当某一部分的空气变密时，这部分空气的压强 P' 变得比平衡状态下的大气压强（静态压强 P_0）大；当某一部分的空气变疏时，这部分空气的压强 P' 变得比静态压强 P_0 小。这样，在声波传播过程中，空间各处的空气压强会产生起伏变化。通常用 P 来表示压强的起伏变化量，即 $P=P'-P_0$，称为声压。声压的单位是帕斯卡（Pa），简称帕，1 Pa=1 N/m²。

如果声源的振动是按一定的时间间隔有周期性的，就会在声源周围的介质中产生周期性的疏密变化。在同一时刻，从某一个最稠密（或最稀疏）的地点到相邻的另一个最稠密（或最稀疏）的地点之间的距离称为声波的波长，记为 λ，单位为米（m）。不难发现，波长代表声源振动一次的时间间隔内声波传播的距离。振动重复一次的最短时间间隔称为周期，记为 T，单位为秒（s）。周期的倒数，即单位时间内的振动次数，称为频率，记为 f，单位为赫兹（Hz），1 Hz=1 s⁻¹。

如前所述，介质中的振动状态由声源向外传播。这种传播是需要时间的，即传播的速度是有限的。这种振动状态在介质中的传播速度称为声速，记为 c，单位为米每秒（m/s）。

$$c=331.45+0.61t \tag{1-1}$$

式中：t 为空气的温度，单位为℃。

由式（1-1）可见，声速 c 随温度会有一些变化，但一般情况下变化不大，实际计算时常取 c 为 340 m/s。

显然，在这些物理量之间存在着如下的相互关系：

$$\lambda=\frac{c}{f}$$

2. 声能量、声强、声功率

（1）声能量。

声波在介质中传播，一方面使介质质点在平衡位置附近做往复运动，产生动能；另一方面又使介质产生了压缩和膨胀的疏密变化，使介质具有形变势能。这两部分能量之和就是由于声扰动使介质得到的声能量。

空间中存在声波的区域称为声场。声场中单位体积介质所含有的声能量称为声能密度，记为 D，单位为焦耳每立方米（J/m^3）。

（2）声强。

声场中某点处，在与质点运动方向垂直的单位面积上，单位时间内通过的声能量称为瞬时声强，它是一个矢量。对于非稳态声场，声强是指瞬时声强在一定时间内的平均值。声强的符号为 I，单位为瓦特每平方米（W/m^2）。

（3）声功率。

声源在单位时间内发射的总能量称为声功率，记为 W，单位为瓦（W）。

声波的物理描述

知识基础 1.3　　声级的概念

1.3.1　声级的概念

在自然界中，声音的能量变化范围是非常大的，例如人们正常说话的声功率为 10^{-5} W，而火箭发射时的声功率可达 10^9 W，两者相差 10^{14} 数量级。对于这种广泛的能量变化，直接用声功率或声压表示非常不方便。另外，人耳对声音能量大小的感觉与其绝对值不成比例，而更接近其对数值。因此，声学中通常使用对数标度来表示声音大小。在对数标度中，选定基准量，对被测量值与基准量的比值取对数，得到被测量值的级。通常以 10 为底取对数，单位为贝尔（B）。由于贝尔单位过大，通常将其分为 10 档，每一档称为分贝（dB）。

如果所取对数以 e＝2.718 28 为底，则级的单位称为奈培（Np）。奈培与分贝的相互关系：1 Np＝8.686 dB。

1.3.2　声压级

当被度量量为声压时，级为声压级，用符号 L_P 表示。

根据级的定义，有

$$L_P = 20 \lg\left(\frac{P}{P_0}\right) \qquad (1-2)$$

式中：L_P——声压级，单位为 dB；

P——所研究声音的声压，单位为 Pa；

P_0——基准声压，其值为 2×10^{-5} Pa。

声压级为 0 dB 时，为正常青年人耳朵刚能听到的 1000 Hz 纯音的声压值。声压级为 0 dB 并不意味着没有声音，而是可闻声的起点，一般人耳对声音强弱的分辨能力为 0.5 dB，房间的本底噪声的声压级大约为 40 dB，正常对话为 70 dB，交响乐高潮时为 90 dB，人的痛阈声压级为 120 dB。一般从刚听到的 2×10^{-5} Pa 到引起疼痛的 20 Pa，两者相差 100 万倍，改用声压级表示则为 0～120 dB。

1.3.3 声功率级

当被度量量为声功率时，级为声功率级，用符号 L_W 表示。

根据级的定义，有

$$L_W = 10 \lg\left(\frac{W}{W_0}\right) \qquad (1-3)$$

式中：L_W——声功率级，单位为 dB；

W——所研究声音的功率，单位为 W；

W_0——基准声功率，其值为 10^{-12} W。

1.3.4 声强级

当以声强作为被度量量时，级为声强级，记为 L_I。根据级的定义，有

$$L_I = 10 \lg\left(\frac{I}{I_0}\right) \qquad (1-4)$$

式中：L_I——声强级，单位为 dB；

I——所研究声音的强度，单位为 W/m^2；

I_0——基准声强，其值为 10^{-12} W/m^2。

声功率级一般用于表示声源向外部环境辐射的总能量大小。对于确定的声源，空间各处的声功率级不变，但在空间各处的声压级和声强级是会变化的。离开声源越远，声压级和声强级越小。如在自由声场中，有 $I = W/(4\pi r^2)$，则 $L_I = L_W - 10\lg(4\pi r^2) = L_W - 20\lg r - 11$。这种情况下，距离 r 增加 1 倍，声强级会减少 6 dB。

声级的概念

　声级的叠加

在噪声测量中,噪声源往往不止一个。有时即使只有一个噪声源,也常常要涉及不同频率或者频段的噪声级,因此在噪声测量和控制中常常会用到声级的合成与分解,需要进行分贝的计算。例如,如果已知一台机器在某点产生的声压级为 90 dB,另一台机器也为 90 dB,要想知道这一点的总声压级就涉及声级的计算。由于噪声级是用对数定义的,因此声级的合成与分解不能按一般自然数的运算法则进行计算。下面介绍声级相加和相减的方法。

1.4.1　声级的加法

1. 级的叠加公式法

由于噪声的叠加从本质上讲是声能量的叠加,两个声源在该点产生的总声压 P_T 应为

$$P_T^2 = P_1^2 + P_2^2 \tag{1-5}$$

由声压级的定义和对数法则可得

$$P = P_0^2 \times 10^{0.1 \times L_P} \tag{1-6}$$

将式(1-6)代入级的定义公式,则有

$$10^{0.1 \times L_P} = 10^{0.1 \times L_1} + 10^{0.1 \times L_2} \tag{1-7}$$

经过对数运算可得

$$L_{P_T} = 10 \lg \sum_{i=1}^{n} \left(10^{0.1 L_{P_1}} + 10^{0.1 L_{P_2}} \right) \tag{1-8}$$

将式(1-8)变形并推广到 n 个噪声源的情况,得到总声压级(单位为 dB)为

$$L_{P_T} = 10 \lg \sum_{i=1}^{n} 10^{0.1 L_{P_i}} \tag{1-9}$$

将 $L_{P_1} = 90$ dB,$L_{P_2} = 90$ dB 代入式(1-9)可以得到总声压级为 93 dB,而不是 90+90=180 dB,可见声压级的叠加并非简单的算术运算。

2. 级的相加曲线法

除以上级的叠加公式外,也可以通过两个声压级的差值来求总声压级。假设两个声压级分别为 L_{P_1} 和 L_{P_2},且 $L_{P_1} > L_{P_2}$,两个声压级的差值 $\Delta L_P = L_{P_1} - L_{P_2}$,代入级的叠加公式可得

$$L_{P_T} = 10 \lg \sum_{i=1}^{n} \left(10^{0.1 L_{P_1}} + 10^{0.1 (L_{P_1} - L_{P_2})} \right) \tag{1-10}$$

由对数和指数运算法则得出

$$L_{P_T} = L_{P_1} + 10 \lg \left(1 + 10^{-0.1 \times \Delta L_P} \right) = L_{P_1} + \Delta L' \tag{1-11}$$

$$\Delta L' = 10\lg\left(1+10^{-0.1\times\Delta L_P}\right) = 10\lg\left(1+10^{-0.1\times0.1(L_{P_1}-L_{P_2})}\right) \qquad (1-12)$$

由式(1-12)绘出 $\Delta L'$ 和 ΔL_P 的关系曲线，如图1-2所示。在进行声压级叠加时，由 ΔL_P，通过查图1-2所示的曲线即可得到 $\Delta L'$，由 $L_{P_T}=L_{P_1}+\Delta L'$，可以很快查出两个声压级叠加后的总声压级。这种方法借助曲线图，无须经过对数和指数运算，计算量较小。

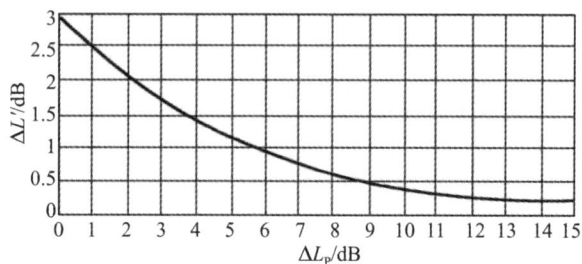

图1-2　分贝相加曲线

声级的叠加

1.4.2　声级的减法

在测量噪声时，往往会受到外界噪声的干扰。例如，在测量某机器运行时的声压级时，如果存在除机器噪声之外的背景噪声，那么我们测得的声压级是包括背景噪声在内的总声压级 L_{P_T}。我们需要从总声压级中扣除背景噪声 L_{P_B}（机器停止运行时测得），得到机器的真实噪声声压级 L_{P_S}，这就需要用到级的相减。噪声级的相减也有两种方法。

1. 级的相减公式法

由级的叠加公式

$$L_{P_T} = 10\lg\sum_{i=1}^{n}\left(10^{0.1L_{P_B}}+10^{0.1L_{P_S}}\right) \qquad (1-13)$$

可得

$$L_{P_S} = 10\lg\sum_{i=1}^{n}\left(10^{0.1L_{P_T}}-10^{0.1L_{P_B}}\right) \qquad (1-14)$$

由式(1-14)可以计算出扣除背景噪声之后的机器本身的噪声级。例如 $L_{P_T}=91$ dB，$L_{P_B}=83$ dB，则可按式(1-14)计算出 $L_{P_S}=90.3$ dB。

2. 级的相减曲线法

分贝的相减也可以根据分贝相减曲线求得，分贝相减曲线如图1-3所示。

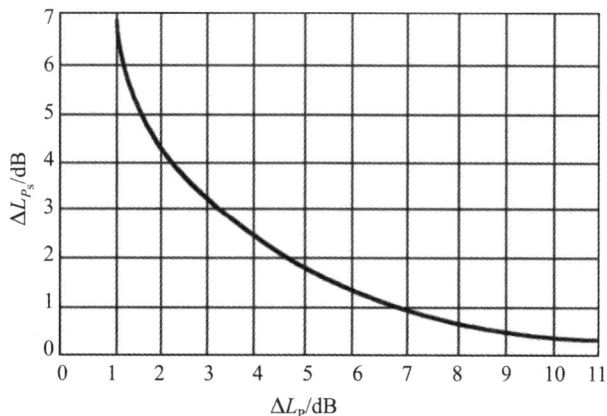

图 1-3　分贝相减曲线

如果令总声压级 L_{P_T} 与本底噪声的声压级 L_{P_B} 的差值为 $\Delta L_P = L_{P_T} - L_{P_B}$，则总声压级 L_{P_T} 与被测声源的声压级 L_{P_S} 的差值 ΔL_{P_S} 为

$$\Delta L_{P_S} = L_{P_T} - L_{P_S} = -10 \lg \left[1 - 10^{-0.1(L_{P_T} - L_{P_B})} \right] \qquad (1-15)$$

根据分贝相减曲线，由 ΔL_P 即可得到 ΔL_{P_S}，另外由 $L_{P_S} = L_{P_T} - \Delta L_{P_S}$，即可轻松算出扣除本底噪声后的声压级 L_{P_S}。

例如在机器噪声测量中，机器工作时测得声压级为 91 dB，关闭机器时测得声压级为 83 dB，那么 $L_{P_T} = 91$ dB，$L_{P_B} = 83$ dB，则 $\Delta L_P = L_{P_T} - L_{P_B} = 8$ dB，查分贝相减曲线图，得 $\Delta L_{P_S} = 0.7$ dB，从而可得出 $L_{P_S} = L_{P_T} - \Delta L_{P_S} = 90.3$ dB。

需要注意的是，由于本底噪声和所测量的噪声通常都有一定的涨落，因此实际上当测得的总声压级 L_{P_T} 高出本底噪声声压级 L_{P_B} 不到 3 dB（$\Delta L_P < 3$ dB）时，所测得的结果是不可靠的。

声级的相减　　　　　声级和声级的叠加

知识基础 1.5　　噪声监测仪器

环境噪声监测常用仪器有声级计和声校准器。其他辅助设备有风速仪、GPS、计数器、量尺等。

1.5.1　声级计

声级计(见图1-4)是环境噪声监测中最常用的声学测量仪器。根据《电声学　声级计　第1部分：规范》(GB/T 3785.1—2023)，声级计测量的是人耳听觉范围的声音，按照性能分为两级：1级和2级。这两个级别的声级计主要在允许误差限和工作温度范围上有所不同，2级规范的允差极限大于或等于1级规范：标准规定在1 kHz频率处，1级声级计的允差为±1.1 dB，2级声级计的允差为±1.4 dB；1级声级计的工作温度范围为−10~50℃，2级声级计的工作温度范围为0~40℃。在环境噪声测量中，通常要求使用2级及以上精度的测量仪器。

图1-4　声级计

声级计有多种功能配置，可以根据不同监测需求选配不同功能模块。环境噪声监测中常用配置类型有以下几种：

(1)测量瞬时噪声的常规声级计，可测量快、慢时间计权的瞬时声级和最大声级。一般"快"表示仪器响应时间为125 ms，用于测量起伏较大的非稳态噪声和交通噪声等；"慢"表示仪器响应时间为1000 ms，一般用于测量稳态噪声。

(2)测量时间平均声级的积分平均声级计，可测量一段时间的连续等效声级 L_{eq}，适用于声环境质量监测和工业企业、社会生活等各类噪声源的排放噪声监测。

(3)具有统计分析功能的声级计，可测量累计百分数声级 L_N。

在环境噪声测量中，需要规范记录噪声测量点的位置、天气状况等，这些因素对噪声监测结果有至关重要的影响。因此，为了确保环境噪声监测数据的可靠性以及使用的便利性，除了声级测量之外，环境噪声监测使用的声级计还增加了GPS、天气数据同步测量、记录功能以及数据打印功能。

环境噪声监测中最常用的是便携式手持声级计，同时还有适用于长期固定监测的环境噪声自动监测设备，以及可同时进行双通道测量的双通道手持式声级计，还有可进行多通道测量的多通道数据采集仪等。

1.5.2　声校准器

声校准器是一种用于声级计校准的设备，如图1-5所示。当将其连接到规定型号的传声器时，它能产生规定声压级和规定频率的正弦声压，若声级计显示声压级与规定声压级一致，则无须调整；若偏差较大，则需用配套工具对声级计进行调整。由于声级计在使用前后都需要进行校准，因此，声校准器也是声环境监测中最常用的仪器之一。常见的声校准器的标称声压级(标称频率)一般为94 dB(1000 Hz)或114 dB(250 Hz)。

图1-5　声校准器

根据国家标准《电声学　声校准器》(GB/T 15173—2010)，声校准器的准确度等级分为

LS 级、1 级、2 级。LS 级声校准器一般只在实验室中做科学研究时使用，可用于检定 1 级和 2 级声级计；1 级声校准器可用于校准 1 级或 2 级声级计；2 级声校准器只能用于校准 2 级声级计。

声校准器通常附带 1 英寸、1/2 英寸和 1/4 英寸的适配器，可以根据传声器尺寸选用合适的适配器。环境噪声监测时大多数用的是 1/2 英寸的传声器。在环境噪声监测中，通常使用的是自由场型传声器，因此在校准时需要将标称声压级修正为等效自由场声压级。由于传声器的结构各异，不同型号传声器的等效自由场声压级修正值也不同，具体数值由传声器制造厂家提供。

需要注意的是，气压变化较大时，对声校准器的校准结果有影响。因此，在高原地区使用声校准器时，可能需要对气压影响进行修正，才能达到规定等级的要求，具体修正方法参照生产厂家的说明书。

1.5.3　其他辅助设备

1. 风速仪

风速仪是测量风速的仪器。在户外进行环境噪声监测时，要求风速小于 5 m/s，因此，在测量前需在现场测量风速。如图 1-6 所示，常用风速仪种类有风杯风速仪、螺旋桨式风速仪和热线风速仪等。风速仪也应定期送到计量部门进行检定。

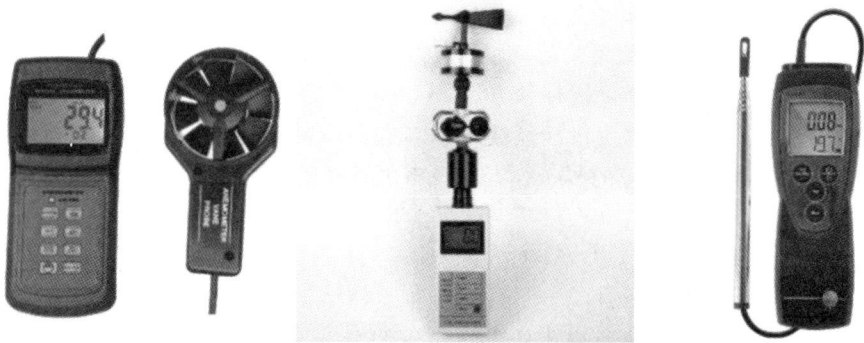

图 1-6　常用风速仪种类

2. GPS

在环境噪声监测中，监测位置的选择非常重要。例如，在进行常规声环境质量监测时，每次测量的监测点都应固定在特定的位置，因此配备 GPS 设备进行现场定位是非常必要的。一些声级计可以安装 GPS 模块，将位置信息与声学测量数据同步测量和存储，简化了监测和数据记录的步骤，便于操作。

3. 计数器

计数器是一种可以记录车流量大小的仪器。在监测道路交通噪声时，要求分类记录大型车、中型车、小型车在监测期间的车流量。由于城市道路车流量大、车速快，在手工监测交通噪声时可借助便携计数器等计数工具对车流量进行计数，在自动监测时则可采用车流量识别系统自动计数。

4. 传声器延长电缆

手持式声级计的传声器一般直接连接在主机上，如果需要扩大测量范围，或者在测量精度要求较高的情况下，仪器和测量人员相距较远，可以使用延长电缆将传声器与主机连接起来，例如布设传声器在高空或窗外1米处等情况。

5. 三脚架及延长杆

在使用声级计测量环境噪声时，应将声级计固定在三脚架上。如果使用延长电缆监测，则可使用延长杆固定传声器。

噪声测量的仪器

知识基础 1.6　噪声的评价量

噪声的危害和影响涵盖多个方面，包括与听觉特征相关的、与心理情绪相关的、与人体健康相关的以及与室内活动相关的。为了有效评估人们对噪声的主观反应，各国学者进行了大量研究，提出了各种评价指标和方法，这些评价量适应不同环境、时间、噪声来源和受影响者的需求，其中有些评价量已经被用于制定环境噪声标准。由于环境噪声变化的差异性以及人们对噪声主观反应的复杂性，对噪声的评价是一个较为复杂的问题，迄今已出现了几十种评价量。

噪声评价量的建立必须考虑噪声对人的影响特点，这些特点包括频率特性、时间特性、噪声的涨落程度、噪声出现的时间、人的心理和生理特征等。不同频率的噪声对人的影响不同，例如中高频噪声对人的影响比低频噪声更明显。时间特性也是考虑因素，不同时间段噪声对人的影响有所差异。噪声的涨落程度也会影响人的感受，涨落程度较大的脉冲噪声比稳态噪声更容易引起不适感。此外，噪声出现的时间对人的影响也有差异，夜间噪声对人的影响更为显著。不同心理和生理特征的人对相同声音的反应也不同，一些人可能认为某种声音是优美的音乐，而另一些人却可能认为它是噪声。同样，休闲时的一首动听的歌曲，在休息时可能成为烦人的噪声。噪声评价量考虑了人们对噪声反应的各个方面的特征。

噪声的评价量

1.6.1　响度

人对声音的感觉不仅与声振动本身的物理特性有关，而且包含了人耳结构、心理、生理等因素，涉及人的主观感觉。例如，同样一段音乐在期望聆听时会感觉到悦耳，而在不想听到时会感觉到烦躁；同样强度、不同特点的声音会给人以悠闲或危险等截然相反的主观感觉。

声音"响"与"不响"的程度可以用响度来描述，响度是对声音强度的感知和判断，表示声音的响亮程度。响度的符号为 N，单位为宋(sone)，它是衡量声音强度最直观的量，但这一描述与声波的强度又不完全等同。响度的大小主要取决于声压级，同时也与声音的频率有关。声压级相同但频率不同的声音，人耳听起来可能会不一样响。例如，同样是 60 dB 的两种声音，若一个声音的频率为 100 Hz，而另一个声音为 1000 Hz，人耳听起来 1000 Hz 的声音要比 100 Hz 的声音响。要使频率为 100 Hz 的声音听起来和频率为 1000 Hz、声压级为 60 dB 的声音同样响，则其声压级要达到 67 dB。

响度级以 1000 Hz 的纯音作为基准，来定义该声音的响度水平：当人耳感觉到某个声音与 1000 Hz 的纯音同样响时，那么该 1000 Hz 的纯音的声压级就是待测声音的响度级。响度级表示的是某一响度与基准响度的比值的对数值，符号为 L_N，单位为方(phon)。响度级仍然是一种对数标度单位，响度级与主观感受之间也并非线性关系。比如，声音的响度级为 80 phon 并不意味着比 40 phon 响度级的声音要响两倍。

响度的定义是正常听者判断一个声音比响度级为 40 phon 的参考声音响的倍数。我们定义响度级为 40 phon 时，响度为 1 sone。那么，2 sone 的声音相当于 1 sone 的声音的两倍响度。经过实验发现，每增加 10 phon 的响度级，响度增加 1 倍。例如，响度级为 50 phon 的响度为 2 sone，响度级为 60 phon 的响度为 4 sone。

响度和响度级的关系为

$$L_N = 40 + 10 \lg N \tag{1-16}$$

等响曲线是响度水平相同的各频率的纯音的声压级连成的曲线，如图 1-7 所示。在该曲线上，横坐标为各纯音的频率，纵坐标为达到各响度水平所需的声压级(dB)，每一条曲线代表一个响度水平，如标有 40 dB 的曲线上各点所代表的声音响度是相同的，它们的响

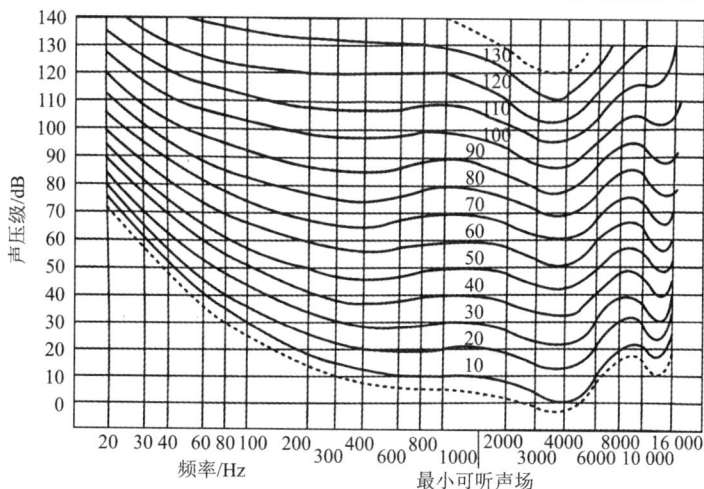

图 1-7　等响曲线

度水平都是 40 dB。通过等响曲线，我们可以看到不同频率的纯音在达到相同响度水平时所需的声压级是不同的。例如，达到响度级为 80 phon 时，1000 Hz 的纯音声压级需要 80 dB，600 Hz 的纯音声压级需要 76 dB。

图 1－7 中最下面的虚线响度级为零，表示人耳刚能听到的声音，称为听阈，低于此曲线的声音，人耳无法听到。图 1－7 中最上面的虚线是痛觉的界限，称为痛阈，超过此曲线的声音，人耳感觉到的是痛觉。在听阈和痛阈之间的声音是人耳的正常可听声范围。

响度　　　　　　响度和响度级

1.6.2　斯蒂文斯响度

响度、响度级是评价简单的纯音轻、响程度的评价量。然而，大多数实际声源产生的声波是宽频带噪声，由不同频率的声波组成，而不同频率的声波之间是存在掩蔽效应的。斯蒂文斯(Stevens)和茨维克(Zwicker)提出了等响度指数曲线，如图 1－8 所示，这些曲线描述了不同频率和声压级的声音所具有的响度水平，同时对不同频率声波之间的掩蔽效应考虑了计权因子，认为响度指数最大的频带噪声贡献最大，而其他频带声音被掩蔽，它们对总响度的贡献应乘以一个小于 1 的修正因子 F。倍频带、1/2 倍频带、1/3 倍频带的修正因子分别为 0.30、0.20、0.15。

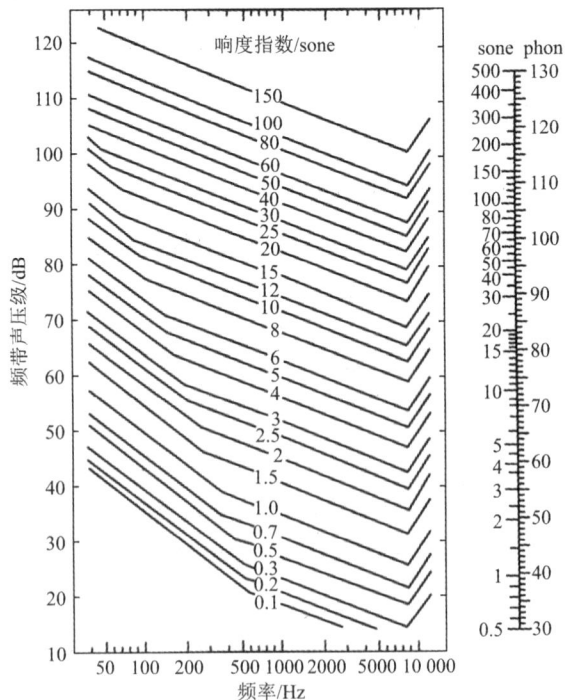

图 1－8　等响度指数曲线

对复合噪声，斯蒂文斯响度计算方法如下：

（1）测出频带声压级（倍频带或 1/3 倍频带）。

（2）从图 1-8 上查出各频带声压级对应的响度指数。

（3）通过如下公式计算斯蒂文斯响度：

$$S = S_0 + F \cdot \left(\sum_{i=1}^{n} S_i - S_0 \right) \tag{1-17}$$

式中：S——斯蒂文斯响度；

　　　S_0——各频带响度指数最大值；

　　　F——修正因子；

　　　S_i——频率为 i 的响度指数。

求出总响度值后，就可以由图 1-8 右侧的列线图求出此复合噪声的响度级，或者可按下式计算得出响度级：

$$L_N = 40 + 10 \, \mathrm{lb} N \, (\mathrm{phon})$$

斯蒂文斯响度

1.6.3　等效连续 A 声级和昼夜等效声级

1. 等效连续 A 声级

对于稳态的宽频带噪声，A 计权声级是一种较好的评价方法。然而，对于声级起伏或不连续的非稳态噪声，A 计权声级很难准确地反映噪声的大小。例如，交通噪声的声级会随时间变化，在车辆经过时可能达到 $85 \sim 90$ dB，而在没有车辆经过时可能仅为 $55 \sim 60$ dB。交通噪声的声级还会随着车流量、汽车类型等因素的变化而改变，因此很难确定交通噪声的 A 计权声级是多少分贝。另一个例子是，两台相同的机器，一台连续工作，而另一台间断性地工作，它们辐射的噪声级是相同的，但对人的总体影响却不同。为了准确评估声级起伏或不连续的噪声对人的影响，采用噪声能量按时间平均的方法更加确切。因此，提出了等效连续 A 声级评价参数。等效连续 A 声级，也称为等能量 A 计权声级，它等效于在相同时间间隔 T 内与不稳定噪声能量相等的连续稳定噪声的 A 声级，其符号为 L_{eq}，计算公式如下：

$$L_{eq} = 10 \, \lg \left(\frac{1}{T} \sum_{i=1}^{N} 10^{0.1 L_{Ai}} \tau_i \right) \tag{1-18}$$

$$L_{eq} = 10 \, \lg \left(\frac{1}{N} \sum_{i=1}^{N} 10^{0.1 L_{Ai}} \right) \tag{1-19}$$

式中：T——总的测量时间，单位为 s；

　　　L_{Ai}——第 i 个 A 计权声级，单位为 dB；

　　　τ_i——采样间隔时间，单位为 s；

N——测试数据个数。

2. 昼夜等效声级

通常来说，相比于白天，噪声在晚上会显得更为吵闹，尤其是对睡眠造成的干扰更为显著。据估计，出现在夜间的噪声带来的干扰通常比白天高出 10 dB。为了综合考虑不同时间段内噪声对人的干扰程度，计算一整天的等效声级时，需要对夜间噪声加一个 10 dB 的加权，这样得到的等效声级称为昼夜等效声级，用符号 L_{dn} 表示。昼夜等效声级提供了一种更全面的评估方法，可以更好地了解噪声对人体的全天整体影响。

$$L_{dn} = 10 \lg \left[\frac{2}{3} \times 10^{0.1L_d} + \frac{1}{3} \times 10^{0.1(L_n + 10)} \right] \qquad (1-20)$$

式中：L_d——06：00～22：00 测得的噪声能量平均（A 声级）；

L_n——22：00～06：00 测得的噪声能量平均（A 声级）。

式（1-20）中 2/3 和 1/3 分别表示白天和夜间时间在一天中所占的比值。但是由于我国幅员辽阔，各地时差和生活习惯有较大差异，因此，各地关于昼间和夜间的时间也有所不同。正因为这种昼间和夜间的时间规定不同，昼夜等效声级的计算公式也会有所变化。例如，当昼间时间为 07：00～22：00，夜间时间为 22：00～07：00 时，昼夜等效声级的计算公式就变成了

$$L_{dn} = 10 \lg \left[\frac{5}{8} \times 10^{0.1L_d} + \frac{3}{8} \times 10^{0.1(L_n + 10)} \right] \qquad (1-21)$$

式中：L_d——07：00～22：00 测得的噪声能量平均（A 声级）；

L_n——22：00～07：00 测得的噪声能量平均（A 声级）。

具体的昼间和夜间的时间由当地县级以上人民政府按照当地习惯和季节变化划定。

计权声级　　　　　　　等效连续声级　　　　　　昼夜等效声级

1.6.4　累计百分数声级

累计百分数声级是衡量噪声的随机起伏程度的评价指标，用 L_n 表示，它表示测量时间内高于 L_n 声级所占的时间比值为 $n\%$。例如，$L_{10} = 70$ dB，表示在整个测量时间内噪声级高于 70 dB 的时间占 10%，其余 90% 的时间内噪声级均低于 70 dB。

通常，我们将 L_{90} 视为背景噪声级，L_{50} 视为中值噪声级，L_{10} 视为峰值噪声级。

累计百分数声级

1.6.5　交通噪声指数

交通噪声指数(TNI)是评价城市道路交通噪声的一个重要参量,它考虑了噪声起伏的影响,其数学表达式为

$$TNI = 4(L_{10} - L_{90}) + L_{90} - 30 \qquad (1-22)$$

式中:第一项表示"噪声气候"的范围,说明噪声的起伏变化程度;第二项表示本底噪声状况;第三项是为了获得比较习惯的数值而引入的调节量。

TNI 评价量只适用于机动车辆噪声对周围环境干扰的评价,而且限于车辆较多及附近无固定声源的环境。对于车流量较少的环境,L_{10} 和 L_{90} 的差值通常会比较大,得到的 TNI 值也很大,使计算数值明显夸大了噪声的干扰程度。例如,在车流量较多的情况下,$L_{90} = 70\ dB$,$L_{10} = 84\ dB$,$TNI = 96\ dB$;而在车流量较少的街道,L_{10} 可能仍然为 84 dB,但是 L_{90} 却会降低到如 55 dB 的水平,这时 $TNI = 141\ dB$。显然,后者因噪声涨落大,引起的烦恼比前者大,但两者的差别不会如此之大,评价量与实际情况有较大的偏差。

1.6.6　噪声污染级

噪声污染级也是一种包含噪声涨落影响的评价量,是综合了声音能量平均值和起伏变化程度两部分的影响而给出的对噪声的评价量,用 L_{NP} 表示,其数学表达式为

$$L_{NP} = L_{eq} + K\sigma \qquad (1-23)$$

式中:L_{eq}——等效连续声级,单位为 dB;

σ——规定时间内噪声瞬时声级的标准偏差,单位为 dB;

K——常量,一般取 2.56。

其中,

$$\sigma = \sqrt{\frac{1}{n-1}\sum_{i=1}^{n}(L_i - \overline{L})^2} \qquad (1-24)$$

式中:$\overline{L}$——算术平均声级,单位为 dB;

L_i——第 i 次声级,单位为 dB;

n——取样总数。

知识基础 1.7　噪声的评价标准和法规

环境噪声对人们的身心健康、工作、学习和休息等方面都会产生负面影响,破坏正常的生活和工作环境。实际环境中的噪声往往与理想的声环境存在较大差距,为了保护人的身心健康和工作、生活环境,需要制定相应的环境噪声限值,以便为控制环境噪声提供依据。我国目前的环境噪声法规有《中华人民共和国噪声污染防治法》。环境噪声标准可根据

其内容和性质分为几个主要类别，包括产品标准、排放标准、质量标准和卫生标准。

1.7.1　《中华人民共和国噪声污染防治法》

2021年12月24日，全国人大常委会会议表决通过了《中华人民共和国噪声污染防治法》（以下简称噪声污染防治法），并且于2022年6月5日起施行。噪声污染防治法规定，任何单位和个人都有保护声环境的义务，同时依法享有获取声环境信息、参与和监督噪声污染防治的权利。对恼人的夜间施工噪声、机动车轰鸣疾驶噪声、娱乐健身音响音量大、邻居宠物噪声扰民等问题，法律都作出了相应规定，还静于民，守护和谐安宁的生活环境。噪声污染防治法制定的目的是防治噪声污染，保障公众健康，保护和改善生活环境，维护社会和谐，推进生态文明建设，促进经济社会可持续发展。噪声污染防治法从噪声污染防治标准和规划、噪声污染防治的监督管理、工业噪声污染防治、建筑施工噪声污染防治、交通运输噪声污染防治、社会生活噪声污染防治、法律责任7个方面作出了具体的规定，并对违反各条规定所应受到的惩罚和承担的法律责任作出了明确规定。

环境噪声污染防治法

1.7.2　《声环境质量标准》

现行的《声环境质量标准》（GB 3096—2008）于2008年实施。在本标准中，按区域的使用功能特点和环境质量要求，声环境功能区分为以下5种类型。

0类声环境功能区：指康复疗养区等特别需要安静的区域。

1类声环境功能区：指以居民住宅、医疗卫生、文化教育、科研设计、行政办公为主要功能，需要保持安静的区域。

2类声环境功能区：指以商业金融、集市贸易为主要功能，或者居住、商业、工业混杂，需要维护住宅安静的区域。

3类声环境功能区：指以工业生产、仓储物流为主要功能，需要防止工业噪声对周围环境产生严重影响的区域。

4类声环境功能区：指交通干线两侧一定距离之内，需要防止交通噪声对周围环境产生严重影响的区域，包括4a类和4b类两种类型。4a类为高速公路、一级公路、二级公路、城市快速路、城市主干路、城市次干路、城市轨道交通（地面段）、内河航道两侧区域；4b类为铁路干线两侧区域。

以上各类声环境功能区的环境噪声等效声级限值见表1-2。

表 1 - 2　环境噪声限值　　单位：dB(A)

声环境功能区类别		时　段	
		昼间	夜间
0 类		50	40
1 类		55	45
2 类		60	50
3 类		65	55
4 类	4a 类	70	55
	4b 类	70	60

表 1 - 2 中 4b 类声环境功能区的环境噪声限值，适用于 2011 年 1 月 1 日起通过审批的新建铁路(时间以环境影响评价文件通过审批为准)干线建设项目两侧区域。

对穿越城区的既有铁路干线以及对穿越城区的既有铁路干线进行改建、扩建的铁路建设项目，铁路干线两侧区域不通过列车时的环境背景噪声限值，按昼间 70 dB、夜间 55 dB 执行。既有铁路是指 2010 年 12 月 31 日前已建成运营的铁路或环境影响评价文件已通过审批的铁路建设项目。

另外，标准还对各类声环境功能区夜间突发噪声作了限制规定：其夜间突发噪声的最大声级高于环境噪声限值的幅度不得超过 15 dB。

声环境质量标准

1.7.3　产品噪声排放标准

环境噪声控制的基本要求是在声源处控制噪声，从这个意义上讲，应对所有机电产品制定噪声排放标准，超过标准的产品不允许进入市场。我国的产品噪声标准还在不断地完善中，这些产品噪声标准中包括各类家用电器产品(如电冰箱、洗衣机、空调器、微波炉、电视机等)，办公用品(如计算机、打印机、显示器、扫描仪、投影仪等)，以及其他机电产品(如车辆、供配电设备等)，甚至这些产品的各个部件都有相应的噪声标准。由于产品种类繁多，因而噪声标准也很多，在此主要介绍汽车、地铁车辆、摩托车等交通工具的噪声标准。

1. 汽车定置噪声及加速行驶噪声限值

《汽车定置噪声限值》(GB 16170—1996)和《汽车加速行驶车外噪声限值及测量方法》(GB 1495—2002)分别对城市道路允许行驶的汽车规定了其定置噪声限值和加速行驶噪声的限值及其测量方法。定置是指车辆不行驶，发动机处于空载运转状态。定置噪声反映了车辆主要噪声源——排气噪声和发动机噪声的水平。标准中规定的各类汽车定置噪声限值见表 1 - 3。

表 1-3 各类汽车定置噪声限值 单位：dB(A)

车辆类型	燃料种类	车辆出厂日期	
		1998 年 1 月 1 日前	1998 年 1 月 1 日起
轿车	汽油	87	85
微型客车、货车	汽油	90	88
轻型客车、货车、越野车	汽油 $n_r \leqslant 4300$ r/min	94	92
	汽油 $n_r > 4300$ r/min	97	95
	柴油	100	98
中型客车、货车、大型客车	汽油	97	95
	柴油	103	101
重型货车	额定功率 $P \leqslant 147$ kW	101	99
	额定功率 $P > 147$ kW	105	103

根据《汽车加速行驶车外噪声限值及测量方法》(GB 1495—2002)，自 2002 年 10 月 1 日起，所有销售和注册登记的汽车应符合表 1-4 的规定。

表 1-4 汽车加速行驶车外噪声限值

汽车分类			噪声限值/dB(A)	
			第一阶段 2002.10.1~2004.12.30 期间生产的汽车	第二阶段 2005.1.1 以后 生产的汽车
M_1			77	74
M_2	GVM≤2 t		78	76
	2 t<GVM≤3.5 t		79	77
	3.5 t<GVM≤5 t	$P<150$ kW	82	80
		$P \geqslant 150$ kW	85	83
M_3	GVM>5 t	$P<150$ kW	82	80
		$P \geqslant 150$ kW	85	83
N_1	GVM≤2 t		78	76
	2 t<GVM≤3.5 t		79	77

汽车分类			噪声限值/dB(A)	
			第一阶段 2002.10.1～2004.12.30 期间生产的汽车	第二阶段 2005.1.1 以后 生产的汽车
N₂	3.5 t＜GVM≤12 t	P＜75 kW	83	81
		75 kW≤P＜150 kW	86	83
		P≥150 kW	88	84
N₃	GVM＞12 t	P＜75 kW	83	81
		75 kW≤P＜150 kW	86	83
		P≥150 kW	88	84

说明：

(1) GVM 为汽车总重量；P 为汽车发动机额定功率。

(2) M₁、M₂(GVM≤3.5 t)和 N₁ 类汽车装用喷气式柴油机时，其限值增加 1 dB(A)。

(3) 对于越野汽车，其 GVM＞2 t 时：如果 P＜150 kW，其限值增加 1 dB(A)；如果 P≥150 kW，其限值增加 2 dB(A)。

(4) M₁ 类汽车，若其变速器前进挡多于 4 个，P＞140 kW，P/GVM 之比大于 75 kW/t，并且用第三挡测试其尾端出线的速度大于 61 km/h 时，则其限值增加 1 dB。

产品噪声排放标准

2. 地铁车辆噪声

《城市轨道交通列车噪声限值和测量方法》(GB 14892—2006)规定了城市轨道交通系统中地铁和轻轨列车噪声等效声级 L_{eq} 的最大允许限值，见表 1-5。

表 1-5　地铁和轻轨列车噪声等效声级 L_{eq} 的最大允许限值

车辆类型	运行线路	位置	噪声限值/dB(A)
地铁	地下	司机室内	80
	地下	客室内	83
	地上	司机室内	75
	地上	客室内	75
轻轨	地上	司机室内	75
	地上	客室内	75

3. 摩托车和轻便摩托车噪声

《摩托车和轻便摩托车定置噪声限值及测量方法》(GB 4569—2005)对在用的摩托车和轻便摩托车定置噪声限值作了规定,见表1-6。

表1-6 摩托车和轻便摩托车定置噪声限值

发动机排量 V_h/mL	噪声限值/dB(A)	
	第一阶段	第二阶段
	2005年7月1日前生产的摩托车和轻便摩托车	2005年7月1日起生产的摩托车和轻便摩托车
$V_h \leqslant 50$	85	83
$50 < V_h \leqslant 125$	90	88
$V_h > 125$	94	92

《摩托车和轻便摩托车加速行驶噪声限值及测量方法》(GB 16169—2005)对摩托车和轻便摩托车型式核准试验加速行驶条件下的噪声限值作了规定,见表1-7、表1-8。

表1-7 摩托车型式核准试验加速行驶噪声限值

发动机排量 V_h/mL	噪声限值/dB(A)			
	第一阶段		第二阶段	
	2005年7月1日前		2005年7月1日起	
	两轮摩托车	三轮摩托车	两轮摩托车	三轮摩托车
$50 < V_h \leqslant 80$	77	82	75	80
$80 < V_h \leqslant 175$	80		77	
$V_h > 175$	82		80	

表1-8 轻便摩托车型式核准试验加速行驶噪声限值

设计最高车速 V_{max}/(km·h^{-1})	噪声限值/dB(A)			
	第一阶段		第二阶段	
	2005年7月1日前		2005年7月1日起	
	两轮轻便摩托车	三轮轻便摩托车	两轮轻便摩托车	三轮轻便摩托车
$25 < V_{max} \leqslant 50$	73	76	71	76
$V_{max} \leqslant 25$	70		66	

1.7.4 环境噪声排放标准

1.《工业企业厂界环境噪声排放标准》

《工业企业厂界环境噪声排放标准》(GB 12348—2008)规定了工业企业和固定设备厂界

环境噪声排放限值及其测量方法。该标准中规定了五类声环境功能区中工业企业厂界环境噪声排放限值，见表 1-9。

表 1-9 工业企业厂界环境噪声排放限值　　　　　单位：dB(A)

厂界外声环境功能区类别	时　段	
	昼间	夜间
0	50	40
1	55	45
2	60	50
3	65	55
4	70	55

标准中的"昼间"是指 6：00～22：00 的时段，"夜间"是指 22：00～次日 6：00 的时段。县级以上人民政府为环境噪声污染防治的需要而对昼间、夜间的划分另有规定的，应按其规定执行。对夜间噪声，标准中规定夜间频发噪声（指频繁发生、发生的时间和间隔有一定规律、单次持续时间较短、强度较高的噪声，如排气噪声、货物装卸噪声等）的最大声级超过限值的幅度不得高于 10 dB(A)，夜间偶发噪声（指偶然发生、发生的时间和间隔无规律、单次持续时间较短、强度较高的噪声，如短促鸣笛声、工程爆破噪声等）的最大声级超过限值的幅度不得高于 15 dB(A)。

当厂界与噪声敏感建筑物距离小于 1 m 时，厂界环境噪声应在噪声敏感的建筑物的室内测量，并将表 1-9 中相应的限值减 10 dB(A) 作为评价依据。此外，该标准中还给出了结构传播固定设备室内噪声排放限值。当固定设备排放的噪声通过建筑物结构传播至噪声敏感建筑物室内时，噪声敏感建筑物室内等效声级不得超过表 1-10 和表 1-11 规定的限值。

表 1-10 结构传播固定设备室内噪声排放限值（等效声级）　　　　单位：dB(A)

噪声敏感建筑物所处声环境功能区类别	A 类房间		B 类房间	
	昼间	夜间	昼间	夜间
0	40	30	40	30
1	40	30	45	35
2、3、4	45	35	50	40

在表 1-11 中，A 类房间指以睡眠为主要目的，需要保证夜间安静的房间，包括住宅卧室、医院病房、宾馆客房等；B 类房间是指主要在昼间使用，需要保证思考与精神集中、正常讲话不被干扰的房间，包括学校教室、会议室、办公室、住宅中除卧室以外的其他房间等。

表 1-11 结构传播固定设备室内噪声排放限值(倍频带声压级) 单位：dB

噪声敏感建筑物所处声环境功能区类别	时段	房间类型	室内噪声倍频带倍频带中心频率/Hz				
			31.5	63	125	250	500
0	昼间	A、B 类房间	76	59	48	39	34
	夜间	A、B 类房间	69	51	39	30	24
1	昼间	A 类房间	76	59	48	39	34
		B 类房间	79	63	52	44	38
	夜间	A 类房间	69	51	39	30	24
		B 类房间	72	55	43	35	29
2、3、4	昼间	A 类房间	79	63	53	44	38
		B 类房间	82	67	56	49	43
	夜间	A 类房间	72	55	43	35	29
		B 类房间	76	59	48	39	34

对工业企业厂界环境噪声的监测，也应按该标准中规定的测量方法执行。

2.《社会生活环境噪声排放标准》

近年来，我国商业和文化娱乐产业迅速发展，居民环保维权意识也持续提高，文化娱乐场所和商业经营活动的噪声扰民投诉占城市噪声污染投诉的比例在持续增加。为此，我国于 2008 年专门颁布实施了《社会生活环境噪声排放标准》(GB 22337—2008)，该标准规定了营业性文化娱乐场所和商业经营场所边界噪声限值和测量方法。

位于 0~4 类声环境功能区中的社会生活噪声排放源，其边界噪声限值同表 1-9。在社会生活噪声排放源位于噪声敏感建筑物内的情况下，通过建筑物结构传播至噪声敏感建筑物室内的噪声，其等效声级限值和倍频带声压级限值同表 1-10 和表 1-11。标准中还规定，对于在噪声测量期间发生非稳态噪声(如电梯噪声等)的情况，最大声级超过限值的幅度不得高于 10 dB。

3. 建筑施工场界噪声限值

建筑施工往往带来较大的噪声。对建筑施工期间产生的噪声，国家标准《建筑施工场界环境噪声排放标准》(GB 12523—2011)中规定了建筑施工过程中场界环境噪声不得超过表 1-12 规定的排放限值。

表 1-12 建筑施工场界环境噪声排放限值 单位：dB(A)

昼 间	夜 间
70	55

夜间噪声最大声级超过限值的幅度不得高于 15 dB。

当场界距噪声敏感建筑物较近，其室外不满足测量条件时，可在噪声敏感建筑物室内测量，并将表 1-12 中相应的限值减 10 dB 作为评价依据。

4. 铁路及机场周围环境噪声标准

2008 年 10 月 1 日起施行的《铁路边界噪声限值及其测量方法》(GB 12525—2008)修改方案中规定在距铁路外侧轨道中心线 30 m 处(即铁路边界)的小时等效连续 A 声级不得超过 70 dB。《机场周围飞机噪声环境标准》(GB 9660—1988)中规定了机场周围飞机噪声的环境标准及适用区域。飞机噪声的评价采用一昼夜的计权等效连续感觉噪声级 L_{WECPN} 作为评价量。见表 1-13,标准中规定了两类适用区域及标准限值。

表 1-13　机场周围飞机噪声标准值及适用区域

适用区域	标准值/dB
一类区域	≤70
二类区域	≤75

注:一类区域为特殊住宅区,居住、文教区;二类区域为除一类区域以外的生活区。

环境噪声排放标准

1.7.5　噪声卫生标准

1. 工业企业噪声控制设计规范

我国 2014 年 6 月 1 日实施的《工业企业噪声控制设计规范》(GB/T 50087—2013)中规定:工业企业内各类工作场所的噪声限值应符合表 1-14。

表 1-14　各类工作场所噪声限值　　　　　单位:dB(A)

工 作 场 所	噪声限值
生产车间	85
车间内值班室、观察室、休息室、办公室、实验室、设计室室内背景噪声级	70
正常工作状态下精密装配线、精密加工车间、计算机房	70
主控室、集中控制室、通信室、电话总机室、消防值班室,一般办公室、会议室、设计室、实验室室内背景噪声级	60
医务室、教室、值班宿舍室内背景噪声级	55

注:1. 生产车间噪声限值为每周工作 5 d,每天工作 8 h 等效声级;对于每周工作 5 d,每天工作时间不是 8 h,需计算 8 h 等效声级;对于每周工作日不是 5 d,需计算 40 h 等效声级。

　　2. 室内背景噪声级指室外传入室内的噪声级。

此外,该规范规定:工业企业脉冲噪声 C 声级峰值不得超过 140 dB。

2. 工业企业设计卫生标准

我国 2010 年颁布的《工业企业设计卫生标准》(GBZ 1—2010)对工业企业厂区内各类地点的噪声限值提出了要求。生产性噪声传播至非噪声作业地点的噪声声级的卫生限值不得超过表 1-15 的规定。

表 1-15   非噪声工作地点噪声声级设计要求   单位：dB(A)

地点名称	噪声声级	卫生限值
噪声车间观察(值班)室	≤75	
非噪声车间办公室、会议室	≤60	≤55
主控室、精密加工室	≤70	

工业企业噪声卫生标准

3. 室内环境噪声允许标准

为了提高民用建筑的使用功能并确保室内拥有良好的声环境，我国的《民用建筑隔声设计规范》(GB 50118—2010)中规定了民用建筑室内的允许噪声级，具体数值见表 1-16。这些允许噪声级是在房间开窗条件下的限制值。对于不需要开窗的建筑物，允许噪声级指的是关窗条件下的噪声级，且允许噪声级的数值是按照白天要求制定的，夜间允许噪声级应比白天减少 10 dB。对于具有不同特性的噪声，允许值还需要进行修正。另外，我国的《住宅设计规范》(GB 50096—2011)中规定了住宅的卧室和客厅内的允许噪声级。白天的允许噪声 A 声级应小于 50 dB，夜间应小于 40 dB。

表 1-16   民用建筑室内允许噪声级

建筑物类型	房间功能或要求	允许噪声级/dB			
		特级	一级	二级	三级
医院	病房、医护人员休息室	—	≤40	≤45	≤50
	门诊室	—	≤55	≤55	≤60
	手术室	—	≤45	≤45	≤50
	测听室	—	≤25	≤25	≤30
住宅	卧室、书房	—	≤40	≤45	≤50
	起居室	—	≤45	≤50	≤50

续表

建筑物 类型	房间功能或要求	允许噪声级/dB			
		特级	一级	二级	三级
学校	有特殊安静要求的房间	—	≤40	—	—
	一般教室	—	—	≤50	—
	无特殊安静要求的房间	—	—	—	≤55
旅馆	客房	≤35	≤40	≤45	≤55
	会议室	≤40	≤45	≤50	≤50
	多用途大厅	≤40	≤45	≤50	—
	办公室	≤45	≤50	≤55	≤55
	餐厅、宴会厅	≤50	≤55	≤60	—

噪声的标准和法规（一）　　　　噪声的标准和法规（二）

实践项目 1.1　声环境功能区的定点监测

1. 方法简介

声环境功能区的定点监测是通过选择若干固定监测点，进行长期监测的方法，监测目的是评价不同声环境功能区昼间、夜间的声环境质量，了解功能区环境噪声的时空分布特征。

2. 测量仪器

声环境质量常规监测的监测仪器性能应不低于 GB/T 3785.1—2023 对 2 级仪器的要求，校准所用仪器应符合 GB/T 15173—2010 对 1 级或 2 级声校准器的要求；辅助仪器为 GPS 定位仪、风速仪等。监测前应准备并检查监测仪器、校准仪器和辅助仪器的性能，确保所有使用的仪器均检定合格并且在检定有效期内。

3. 测量布点

选择 1 至若干个能反映声环境质量特征的监测点，进行长期定点监测，每次测量的位置、高度应保持不变。

对于 0、1、2、3 类声环境功能区，该监测点应为户外，且保持长期稳定，其距地面高度应为垂直方向上的可能最大值，并且其位置需要避开反射面和附近的固定噪声源；4 类声环境功能区监测点设于 4 类区内第一排噪声敏感建筑物户外交通噪声空间垂直分布的可能最大值处。

4. 测量方法

（1）测量前准备。

监测前了解计划监测当日的 24 h 天气预报，无雨雪、无雷电且风速 5 m/s 以下时才可以安排监测。确保现场监测的气象条件符合《声环境质量标准》(GB 3096—2008)中的要求，排除不利气象因素的影响。

（2）测量时间。

每个测点每季度监测一次，尽量选择在每年的 2 月、5 月、8 月、11 月进行监测，监测期间避开节假日和非正常工作日，各点位的监测日期每年应相对保持固定，如遇到大风、雨雪天气等因素无法监测的，可以顺延监测日期。声环境功能区监测每次至少进行一昼夜 24 h 的连续监测，以得出昼夜等效连续声级。

（3）测量项目。

监测项目包括每小时及昼间、夜间的等效声级 L_{eq}、L_d、L_n 和最大声级 L_{max}。如需分析噪声变化特性，可适当增加监测项目，如累计百分数声级 L_{10}、L_{50}、L_{90} 等。

（4）测量步骤。

功能区声环境质量监测按照《声环境质量标准》(GB 3096—2008)附录 B 的要求采用定点监测法，具体监测步骤如下：

① 寻找测点。参照建筑物，借助 GPS 定位经纬度的方式找到监测点位，确保每次监测点位位置一致。

② 使用风速仪测量风速。保证监测期间满足《声环境质量标准》(GB 3096—2008)中的要求，排除不利气象因素的影响，并记录实际风速。

③ 安放监测仪器。将声级计固定在三脚架上或者外置延伸杆，给传声器戴上防风罩，应避免传声器指向反射面，声级计距地面高度 1.2 m 以上。注意保证仪器电力和安全。

④ 监测前校准。在监测现场对声级计进行声校准，外置延伸电缆时一并进行校准，保存并记录校准声级。

⑤ 调试仪器。将声级计设置为 24 h 监测模式，频率计权特性设置为"A"档，时间计权特性设置为"F"档，采样时间间隔不大于 1 s。

⑥ 整点开始监测，记录监测过程中气象条件变化等状况，如有无雨雪、雷电以及风速等气象条件的变化，若有不符合监测要求的情况发生，应重新进行测量。

⑦ 监测结束后，在单次测量模式下对声级计再次进行校验，记录并保存校验结果。将测量前的校准值与测量后的检验值进行比较，其差值不应大于 0.5 dB，否则测量结果无效。

⑧ 保存并打印监测原始记录和校验记录，打印内容包含等效声级 L_{eq}、累计百分数声级(L_{10}、L_{50}、L_{90})、L_{max}、L_{min}、标准偏差(SD)、测试时间等参数指标。

5. 测量记录与结果评价

（1）测量记录。

填写功能区声环境 24 h 监测原始记录表，示例见表 1-17。

表 1－17　功能区声环境 24 h 监测记录表(示例)

监测单位:＿＿＿＿＿＿＿

测点名称:＿＿＿＿＿　测点代码:＿＿＿＿＿　功能区类别:＿＿＿＿＿

测点参照物:＿＿＿＿＿　测点经度:＿＿＿＿＿　测点纬度:＿＿＿＿＿

监测仪器(型号、编号):＿＿＿＿＿

声校准器(型号、编号):＿＿＿＿＿

监测前校准值(dB):＿＿＿＿＿　监测后校准值(dB):＿＿＿＿＿

气象条件:＿＿＿＿＿＿＿＿＿＿

监测方法依据:＿＿＿＿＿＿＿＿＿＿＿＿＿＿＿＿＿＿＿＿＿＿＿

监测时间			L_{eq} /dB(A)	L_{10} /dB(A)	L_{50} /dB(A)	L_{90} /dB(A)	L_{max} /dB(A)	L_{min} /dB(A)	标准差 (SD)	备注
月	日	开始监测时间								
										(点位周边环境有无变化)

负责人:＿＿＿＿＿　审核人:＿＿＿＿＿　测试人员:＿＿＿＿＿

监测日期:　　　年　月　日

主要内容需要包括:

① 监测日期、时间、地点。

② 使用仪器型号、编号及校准记录。

③ 测量时间内的气象条件,包括风速(m/s)、雨雪等天气状况。

④ 测量依据及评价标准。

⑤ 测试人员、审核人和负责人。

(2) 监测结果评价。

各监测点位的测量结果独立评价,以昼间等效声级 L_d 和夜间等效声级 L_n 作为评价量,结合《声环境质量标准》规定的声环境质量限值,判断各监测点位声环境质量是否达标。

一个功能区设有多个测点的,应按点次分别统计昼间、夜间的达标率。昼间和夜间等效声级参照如下公式进行计算:

$$L_d = 10\lg\left(\frac{1}{16}\sum_{i=1}^{16}10^{0.1L_i}\right) \qquad (1-25)$$

$$L_n = 10\lg\left(\frac{1}{8}\sum_{i=1}^{8}10^{0.1L_i}\right) \qquad (1-26)$$

式中:L_d——昼间等效声级,16 h,单位为 dB(A);

L_n——夜间等效声级,8 h,单位为 dB(A);

L_i——昼间或夜间小时等效声级,单位为 dB(A)。

根据《中华人民共和国噪声污染防治法》,"昼间"是指 6:00 至 22:00 之间的时段;"夜间"是指 22:00 至次日 6:00 之间的时段。县级以上人民政府为环境噪声污染防治的需要(如考虑时差、作息习惯差异等)而对昼间、夜间的划分另有规定的,应按其规定执行。

所有的小时声级数据保留到小数点后一位。小数点后第二位的处理方法为四舍六进、逢五则奇进偶舍。例如:$70.24 \rightarrow 70.2$、$70.26 \rightarrow 70.3$、$70.25 \rightarrow 70.2$、$70.15 \rightarrow 70.2$ 等。

将功能区声环境质量监测数据统计结果填写至功能区声环境监测结果统计表中,示例见表 1-18。

表 1-18　功能区声环境监测结果统计表(示例)

年度:_____　城市代码:_____　监测单位:_____

时段划分:昼间_____时至_____时　夜间_____时至次日_____时

测点代码	测点名称	功能区代码	监测时间			L_{10}/dB(A)	L_{50}/dB(A)	L_{90}/dB(A)	L_{eq}/dB(A)	L_{max}/dB(A)	L_{min}/dB(A)	标准差(SD)	备注
			月	日	时								

负责人:_____　审核人:_____　填表员:_____

填表日期:_____年_____月_____日

注:监测时间中"时"为监测开始时间,为 0~23,其中"0"表示 0:00~1:00,"1"表示 1:00~2:00,以此类推。

6. 质量保证

贯彻测试人、审核人、负责人三级审核制度,确保数据的科学性、准确性、合理性。对原始数据以及统计表格的具体审核内容如下:

(1)所用仪器设备是否为 2 级以上声级计和声级校准器,检定是否合格,是否在检定有效期内。

(2)监测日期是否避开节假日和非正常工作日。

(3)监测数据原始数据条是否打印完整,要包含等效声级 L_{eq}、L_{10}、L_{50}、L_{max}、L_{min}、标准偏差(SD)、测试时间等内容。

(4)监测数据的符合性、逻辑性和正确性,具体的数据逻辑性审核要求如下:

$$L_{max} \geqslant L_{10} \geqslant L_{50} \geqslant L_{90} \geqslant L_{min} \text{ 和 } L_{max} \geqslant L_{eq} \geqslant L_{min}$$

数据审核后,按数据报送系统的格式要求填报并提交至有关单位。

7. 环境噪声自动监测系统

全国重点环保城市以及其他有条件的城市和地区宜设置环境噪声自动监测系统,进行不同声环境功能区的连续自动监测。

环境噪声自动监测系统主要由自动监测子站和中心站及通信系统组成，其中自动监测子站由全天候户外传声器、智能噪声自动监测仪器、数据传输设备等构成。

声环境功能区的定点监测法

实践项目 1.2　　0～3 类声环境功能区的普查监测

1. 方法简介

0～3 类声环境功能区的普查监测是在 0～3 类声环境功能区中选择较多数量的监测点，进行较短时间的监测，目的是评价 0～3 类不同声环境功能区昼间、夜间的声环境质量，了解功能区环境噪声的时空分布特征。

2. 测量仪器

监测前需准备并检查监测仪器、校准仪器和辅助仪器的性能，确保所有使用的仪器均检定合格并且在检定有效期内。声环境质量常规监测的监测仪器性能应不低于 GB/T 3785.1—2023 对 2 级仪器的要求，校准所用仪器应符合 GB/T 15173—2010 对 1 级或 2 级声校准器的要求；辅助仪器为 GPS 定位仪、风速仪等。

3. 测量布点

将要普查监测的声环境功能区划分成多个等大的正方格，网格要完全覆盖住被普查的区域。网格中水面面积或无法监测的区域面积为 100% 及非城市建成区面积大于 50% 的网格为无效网格，有效网格总数应多于 100 个。测点应设在每一个网格的中心，监测点位距地面为 1.2～4.0 m。

4. 测量方法

（1）测量前准备。

监测前查看天气预报，了解监测当日的 24 h 天气状况，无雨雪、无雷电且风速 5 m/s 以下时安排监测，确保现场监测的气象条件符合《声环境质量标准》（GB 3096—2008）中的要求。

（2）测量时间。

昼间监测每年一次，监测工作在昼间正常工作时段内进行。

夜间监测每 5 年一次，在每个五年规划的第三年监测，监测在夜间 22：00～24：00 进行，时间不足可顺延。

监测工作应安排在每年的春季或秋季，如果春季风大，可安排在秋季。每个城市的监测时间应相对固定。

在前述测量时间内,每次每个测点测量 10 min 的等效声级 L_{eq},同时记录噪声主要来源。监测应避开节假日和非正常工作日。

(3)测量项目。

监测项目包括等效声级 L_{eq}、累计百分数声级(L_{10}、L_{50}、L_{90})、最大声级 L_{max}、最小声级 L_{min} 和标准偏差(SD)。

(4)测量步骤。

功能区声环境质量监测按照《声环境质量标准》(GB 3096—2008)附录 B 的要求采用普查监测法,具体监测步骤如下:

① 寻找测点。参照建筑物,借助 GPS 定位经纬度的方式找到监测点位,确保每次监测点位位置一致。

② 使用风速仪测量风速。保证监测期间满足《声环境质量标准》(GB 3096—2008)中的要求,排除不利气象因素的影响,并记录实际风速。

③ 安放监测仪器。将声级计固定在三脚架上,高度为距离地面 1.2 m,给传声器戴上防风罩,避免传声器指向反射面,距离任何反射面(除地面外)至少 3.5 m。注意保证仪器电力和安全。

④ 监测前校准。在监测现场对声级计进行声校准,外置延伸电缆时一并进行校准,保存并记录校准声级。

⑤ 调试仪器。将声级计设置为 10 min 监测模式,频率计权特性设置为"A"档,时间计权特性设置为"F"档,采样时间间隔不大于 1 s。

⑥ 开始监测。在监测过程中观察监测点位周围声环境状况,识别周围主要声源,记录主要声源类型,直至监测时间结束。记录监测过程中气象条件变化等状况,如有无雨雪、雷电以及风速等气象条件的变化,若有不符合要求的情况发生,应重新进行测量。测量期间注意观察声级计的运行情况,防止干扰监测的情况发生及保证监测设备安全。

⑦ 监测结束后,在单次测量模式下对声级计再次进行校验,记录并保存校验结果。将测量前的校准值与测量后的检验值进行比较,其差值不应大于 0.5 dB,否则测量结果无效。

⑧ 保存并打印监测原始记录和校验记录,打印内容包含等效声级 L_{eq}、累计百分数声级(L_{10}、L_{50}、L_{90})、最大声级 L_{max}、最小声级 L_{min}、标准偏差(SD)和测试时间等参数指标。

5. 测量记录与结果评价

(1)测量记录。

主要内容包括:

① 监测日期、时间、地点。

② 使用仪器型号、编号(仪器出厂编号)及校准记录。

③ 测量时间内的气象条件,包括风速(m/s)、雨雪等天气状况。

④ 声源代码:1——交通噪声;2——工业噪声;3——施工噪声;4——生活噪声。两种以上噪声填主要噪声。除交通噪声、工业噪声、施工噪声以外的噪声,归入生活噪声。

⑤ 测量依据及评价标准。

⑥ 测试人员、审核人和负责人。

⑦ 监测点位所处的声环境状况及突发状况，人员、车流、鸣笛以及其他声环境状况。

填写声环境功能区普查监测原始记录表，示例见表 1-19。

表 1-19　区域声环境监测原始数据记录(示例)

监测单位：_____　年度：_____

监测仪器(型号、编号)：_____　声校准器(型号、编号)：_____

检定日期：___年___月___日　监测前校准值(dB)：_____

监测后校验值(dB)：_____　气象条件：_____

测点代码	测点名称	测点参照物	功能区类别	测量开始时间	网格大小	主要声源	测量结果	备注

负责人：　　审核人：　　测试人：　　填表日期：

注：① 声源代码：1——交通噪声；2——工业噪声；3——施工噪声；4——生活噪声。② 两种以上噪声填主要噪声。③ 除交通噪声、工业噪声、施工噪声外的噪声，归入生活噪声。

(2) 结果评价。

将全部网格中心测点测得的 10 min 的等效声级 L_{eq} 做算术平均运算，所得到的平均值代表某一声环境功能区的总体环境噪声水平，并计算标准偏差。

昼间平均等效声级 S_d 和夜间平均等效声级 S_n 代表该城市昼间和夜间的环境噪声总体水平。

各监测点位测量结果独立评价，以昼间平均等效声级 S_d 和夜间平均等效声级 S_n 作为评价各监测点位声环境质量是否达标的基本依据。

一个功能区设有多个测点的，以该功能区的所有测点的平均值作为评价量，并且应按点次分别统计昼间、夜间的达标率。

$$S = \frac{1}{n}\sum_{i=1}^{n} L_i \tag{1-27}$$

式中：S——昼间或夜间平均等效声级，单位为 dB(A)；

L_i——第 i 个网格测得的等效声级，单位为 dB(A)。

根据每个网格中心的噪声值及对应的网格面积，统计不同噪声影响水平下的面积百分比，以及昼间、夜间的达标面积比例。有条件可估算受影响人口。

(3) 数字修约。

所有的小时声级数据保留到小数点后一位。小数点后第二位的处理方法为四舍六进、逢五则奇进偶舍。例如：70.24→70.2、70.26→70.3、70.25→70.2、70.15→70.2 等。

(4) 汇总结果。

将监测数据统计结果填写至功能区声环境监测结果统计表中，示例见表 1-20。

表 1‑20　区域声环境监测结果统计表(示例)

年度：＿＿＿＿＿		城市代码：＿＿＿＿＿			监测单位：＿＿＿＿＿										
网格代码	测点名称	月	日	时	分	L_{eq} /dB(A)	L_{10} /dB(A)	L_{50} /dB(A)	L_{90} /dB(A)	L_{max} /dB(A)	L_{min} /dB(A)	标准差(SD)	声源代码	功能区代码	备注
负责人：　　　　　审核人：　　　　　　填表员：															
填表日期：　　　年　　　月　　　日															

6. 质量保证

数据审核贯彻测试人、审核人、负责人三级审核制度,确保数据的科学性、准确性、合理性。对原始数据以及统计表格的具体审核内容如下:

(1)所用仪器设备是否为 2 级以上声级计和声级校准器,检定是否合格,是否在检定有效期内。

(2)监测日期是否避开节假日和非正常工作日。

(3)监测数据原始数据条是否打印完整,要包含等效声级 L_{eq}、L_{10}、L_{50}、L_{max}、L_{min}、标准偏差(SD)、测试时间等内容。

(4)监测数据的符合性、逻辑性和正确性,具体的数据逻辑性审核要求如下:

$$L_{max} \geqslant L_{10} \geqslant L_{50} \geqslant L_{90} \geqslant L_{min} \text{ 和 } L_{max} \geqslant L_{eq} \geqslant L_{min}$$

数据审核后,按数据报送系统的格式要求填报并提交至有关单位。

0~3 类声环境功能区的普查监测法(一)　　　0~3 类声环境功能区的普查监测法(二)

实践项目1.3　4 类声环境功能区的普查监测

1. 方法简介

4 类声环境功能区指交通干线两侧一定距离之内,需要防止交通噪声对周围环境产生严重影响的区域,包括 4a 类和 4b 类两种类型。4a 类为高速公路、一级公路、二级公路、城市快速路、城市主干路、城市次干路、城市轨道交通地面段、内河航道两侧区域;4b 类为铁路干线两侧区域。4 类声环境功能区的普查监测目的是评价 4 类声环境功能区昼间、夜间的声环境质量,了解功能区环境噪声的时空分布特征。

2. 测量仪器

准备并检查监测仪器、校准仪器和辅助仪器的性能。声环境质量常规监测的监测仪器性能应不低于 GB/T 3785.1—2023 对 2 级仪器的要求，校准所用仪器应符合 GB/T 15173—2010 对 1 级或 2 级声校准器的要求；辅助仪器为 GPS 定位仪、风速仪等，确保所有使用的仪器均检定合格并且在检定有效期内。

3. 测量布点

监测点位需要设置在能反映城市各类交通噪声排放特征的地方。监测点位应保持长期固定，一旦选取不得随意变动。以自然路段、站场、河段等为基础，考虑交通运行的特征和两侧噪声敏感建筑物的分布情况，划分典型路段或河段。4 类区内无噪声敏感建筑物存在时，在每个典型路段对应的 4 类区边界上选择 1 个测点；4 类区内有噪声敏感建筑物存在时，在第一排噪声敏感建筑物户外选择 1 个测点。这些测点应远离站、场、码头、岔路口、河流汇入口等，以避免这些地点的噪声干扰。

在对公路进行监测布点时，监测点位选在路段两路口之间，距任一路口的距离应大于 50 m，远离公交车站，长度不足 100 m 的路段选择路段中点作为监测点位。

监测点位于人行道上距离监测路面 20 cm 处，监测点位高度距地面 1.2～6.0 m。测点应避开非道路交通噪声源的干扰。

道路交通声环境监测点位布设剖面示意图如图 1-9 所示。道路交通声环境监测点位布设平面示意图如图 1-10 所示。

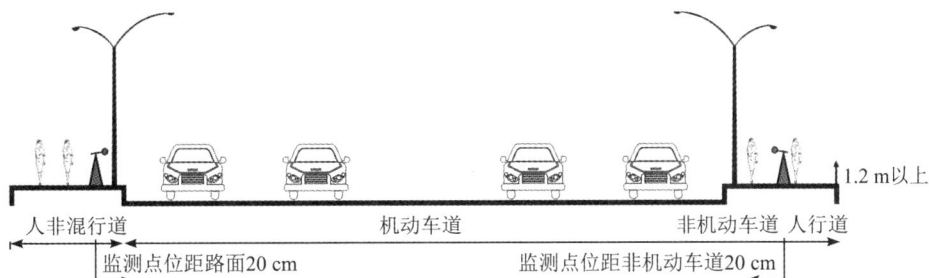

图 1-9　道路交通声环境监测点位布设剖面示意图

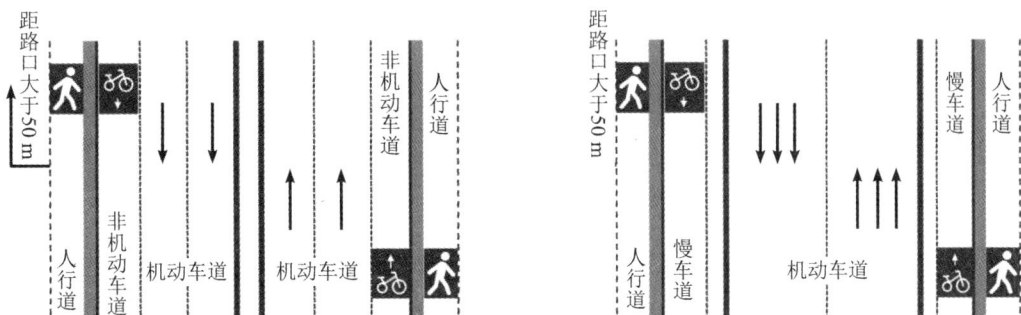

图 1-10　道路交通声环境监测点位布设平面示意图

4. 测量方法

（1）测量前准备。

监测前查看天气预报，了解监测当日的 24 h 天气状况，无雨雪、无雷电且风速 5 m/s 以下时安排监测,确保现场监测的气象条件符合《声环境质量标准》(GB 3096—2008)中的要求。

(2) 监测时间和频率。

各个测点昼间监测每年一次,夜间监测每5年一次。

监测应选择正常的工作日进行,避开节假日和非正常工作日。

根据交通类型的差异,规定的测量时间如下。

铁路、城市轨道交通地面段、内河航道两侧:昼、夜各选择不低于平均运行密度的时段,监测1 h,若城市轨道交通地面段的运行车次密集,测量时间可缩短至20 min。

高速公路、一级公路、二级公路、城市快速路、城市主干路、城市次干路两侧:昼、夜各测量时,选择不低于平均运行密度的时段,监测20 min。

(3) 测量项目。

监测项目包括等效声级 L_{eq} 和交通流量,对铁路、城市轨道交通线路地面段,应同时测量最大声级 L_{max},对道路交通噪声应同时测量累计百分数声级 L_{10}、L_{50}、L_{90}。

(4) 监测步骤。

按照声环境功能区的普查监测法进行监测,具体步骤如下:

① 寻找测点。参照建筑物,借助 GPS 定位经纬度的方式找到监测点位,确保每次监测点位位置一致。

② 使用风速仪测量风速。保证监测期间满足《声环境质量标准》(GB 3096—2008)中的要求,排除不利气象因素的影响,并记录实际风速。

③ 安放监测仪器。将声级计固定在三脚架上,高度为距离地面1.2 m,给传声器戴上防风罩,避免传声器指向反射面,距离任何反射面(除地面外)至少3.5 m。注意保证仪器电力和安全。

④ 监测前校准。在监测现场对声级计进行声校准,外置延伸电缆时一并进行校准,保存并记录校准声级。

⑤ 调试仪器。将声级计设置为合适的监测时间,频率计权特性设置为"A"档,时间计权特性设置为"F"档,采样时间间隔不大于1 s。

⑥ 开始监测。观察监测点位周围声环境状况,识别影响声环境的主要声源,记录主要声源类型,直至监测时间结束。记录监测过程中气象条件变化等状况,如有无雨雪、雷电以及风速等气象条件的变化,若有不符合要求的情况发生,应重新进行测量。测量期间注意观察声级计的运行情况,防止干扰监测的情况发生及保证监测设备安全。

⑦ 监测结束后,在单次测量模式下再次对声级计进行校验,记录并保存校验结果。将测量前的校准值与测量后的检验值进行比较,其差值不应大于0.5 dB,否则测量结果无效。

⑧ 保存并打印监测原始记录和校验记录,打印内容包含 L_{eq}、L_{10}、L_{50}、L_{90}、L_{max}、L_{min}、标准偏差(SD)和测试时间等参数指标。

5. 测量记录与结果评价

(1) 测量记录。

主要内容包括:

① 监测日期、时间、地点。

② 使用仪器型号、编号(仪器出厂编号)及校准记录。

③ 测量时间内的气象条件,包括风速(m/s)、雨雪等天气状况。

④ 声源代码：1——交通噪声；2——工业噪声；3——施工噪声；4——生活噪声。两种以上噪声填主要噪声。除交通噪声、工业噪声、施工噪声以外的噪声，归入生活噪声。

⑤ 测量依据及评价标准。

⑥ 测试人员、审核人和负责人。

⑦ 监测点位所处的声环境状况及突发状况，人员、车流、鸣笛以及其他声环境状况。

填写声环境功能区普查监测原始记录表，示例见表1-21。

表1-21　道路交通声环境监测记录表(示例)

监测站名：_____　监测仪器(型号、编号)：_____　声校准器(型号、编号)：_____

监测前校准值(dB)：_____　监测后校验值(dB)：_____

气象条件：_____　监测方法依据：_____

测点代码	测点名称	月	日	时	分	L_{eq} /dB(A)	L_{10} /dB(A)	L_{50} /dB(A)	L_{90} /dB(A)	L_{max} /dB(A)	L_{min} /dB(A)	标准差(SD)	车流量/(辆/20分钟) 大型车	车流量/(辆/20分钟) 中小型车	备注

测试人员：　　负责人：　　审核人：　　监测日期：

(2) 结果评价。

将某条交通干线各典型路段测得的噪声值，按路段长度进行加权算术平均，以此得出该条交通干线两侧4类声环境功能区的环境噪声平均值。

$$S = \frac{1}{M}\sum_{i=1}^{n} L_i M_i \qquad (1-28)$$

式中：S——按路段长度加权算术平均噪声值，单位为dB；

M——该交通干线总长度，单位为m；

L_i——第i个测点的等效声级，单位为dB(A)；

M_i——第i个测点的路段长度，单位为m。

另外，也可对某一区域内的所有铁路、交通干线、城市轨道交通、内河航道按前述方法进行长度加权统计，得出针对某一区域某一交通类型的环境噪声平均值。

根据每个典型路段的噪声值及对应的路段长度，统计不同噪声影响水平下的路段百分比，以及昼间、夜间的达标路段比例。有条件可估算受影响人口。

对某条交通干线或某一区域某一交通类型采取抽样测量的，应统计抽样路段比例。

6. 质量保证

数据审核贯彻测试人、审核人、负责人三级审核制度，确保数据的科学性、准确性、合理性。对原始数据以及统计表格的具体审核内容如下：

(1) 所用声级计和声级校准器的精度是否为2级以上，检定是否合格，是否在检定有效期内。

（2）监测日期是否避开节假日和非正常工作日。

（3）监测数据原始数据条是否打印完整，要包含 L_{eq}、L_{10}、L_{50}、L_{max}、L_{min}、标准偏差（SD）、测试时间等内容。

（4）监测数据的符合性、逻辑性和正确性，具体的数据逻辑性审核要求如下：

$$L_{max} \geqslant L_{10} \geqslant L_{50} \geqslant L_{90} \geqslant L_{min} \text{ 和 } L_{max} \geqslant L_{eq} \geqslant L_{min}$$

数据审核后，按数据报送系统的格式要求填报并提交至有关单位。

4 类声环境功能区的普查监测法（一）　　　4 类声环境功能区的普查监测法（二）

实践项目 1.4　噪声敏感建筑物的监测

1. 方法介绍

噪声敏感建筑物指医院、学校、机关、科研单位、住宅等需要保持安静的建筑物。声源附近有噪声敏感建筑物的，应监测噪声敏感建筑物处的声环境状况，了解噪声敏感建筑物户外（或室内）的环境噪声水平，评价是否符合所处声环境功能区的环境质量要求。

2. 测量仪器

测量前需准备并检查监测仪器、校准仪器和辅助仪器的性能，确保所有使用的仪器均检定合格并且在检定有效期内。声环境质量常规监测的监测仪器性能应不低于 GB/T 3785.1—2023 对 2 级仪器的要求，校准所用仪器应符合 GB/T 15173—2010 对 1 级或 2 级声校准器的要求；辅助仪器为 GPS 定位仪、风速仪等。

3. 测量布点

监测点一般设于噪声敏感建筑物户外 1 m，距地面 1.2 m 处。不得不在噪声敏感建筑物室内监测时，应在门窗全打开状况下进行室内噪声测量，室内测点应距任一反射面至少0.5 m 以上、距地面 1.2 m、距外窗 1 m 以上。

4. 测量方法

（1）测量前准备。

监测前查看天气预报，了解监测当日的 24 h 天气状况，无雨雪、无雷电且风速 5 m/s 以下时安排监测，确保现场监测的气象条件符合《声环境质量标准》（GB 3096—2008）中的要求。

（2）监测时间。

对敏感建筑物的环境噪声监测应在周围环境噪声源正常工作条件下测量，视噪声源的运行工况,分昼、夜两个时段连续进行。根据环境噪声源的特征,可优化测量时间。

① 若主要受固定噪声源的噪声影响:对稳态噪声,测量 1 min 的等效声级 L_{eq};对非稳态噪声,测量整个正常工作时间或代表性时段的等效声级 L_{eq}。

② 若主要受交通噪声源的噪声影响:对于道路交通,需要在昼间和夜间分别选择不低于平均运行密度时段,各测量 20 min 的等效声级 L_{eq}。对于铁路、城市轨道交通地面段、内河航道,则需要在昼间和夜间分别选择不低于平均运行密度时段,监测 1 h 的等效声级 L_{eq}。但是,若城市轨道交通地面段的运行车次密集,测量时间也可缩短至 20 min。

③ 受突发噪声的影响:监测对象夜间存在突发噪声的,应同时监测测量时段内的最大声级 L_{max}。

(3) 监测步骤。

① 寻找测点。参照建筑物,借助 GPS 定位经纬度的方式找到监测点位,确保每次监测点位位置一致。

② 使用风速仪测量风速。保证监测期间满足《声环境质量标准》(GB 3096—2008)中的要求,排除不利气象因素的影响,并记录实际风速。

③ 安放监测仪器。将声级计固定在三脚架上,高度为距离地面 1.2 m,给传声器戴上防风罩,避免传声器指向反射面,距离任何反射面(除地面外)至少 3.5 m。注意保证仪器电力和安全。

④ 监测前校准。在监测现场对声级计进行声校准,外置延伸电缆时一并进行校准,保存并记录校准声级。

⑤ 调试仪器。将声级计设置为合适的监测时间,频率计权特性设置为“A”档,时间计权特性设置为“F”档,采样时间间隔不大于 1 s。

⑥ 开始监测。观察监测点位周围声环境状况,识别影响声环境的主要声源,记录主要声源类型,直至监测时间结束。记录监测过程中气象条件变化等状况,如有无雨雪、雷电以及风速等气象条件的变化,若有不符合要求的情况发生,应重新进行测量。测量期间注意观察声级计的运行情况,防止干扰监测的情况发生及保证监测设备安全。

⑦ 监测结束后,在单次测量模式下再次对声级计进行校验,记录并保存校验结果。将测量前的校准值与测量后的检验值进行比较,其差值不应大于 0.5 dB,否则测量结果无效。

⑧ 保存并打印监测原始记录和校验记录,打印内容包含 L_{eq}、L_{max}、测试时间等参数指标。

5. 测量记录与结果评价

(1) 测量记录。

填写声环境功能区普查监测原始记录表,表格格式可参照表 1-22。测量记录的主要内容包括:

① 监测日期、时间、地点。

② 使用仪器型号、编号(仪器出厂编号)及校准记录。

③ 测量时间内的气象条件,包括风速(m/s)、雨雪等天气状况。

④ 主要声源。两种以上噪声填主要噪声。除交通噪声、工业噪声、施工噪声以外的噪声,归入生活噪声。

⑤ 测量依据及评价标准。

⑥ 测试人员、审核人和负责人。

⑦ 监测点位所处的声环境状况及突发状况，人员、车流、鸣笛以及其他声环境状况。

表 1 – 22 噪声敏感建筑物噪声监测记录表

监测单位：_____ 测点名称：_____ 测点代码：_____

功能区类别：_____ 测点参照物：_____ 测点经度：_____ 测点纬度：_____

监测仪器(型号、编号)：_____ 声校准器(型号、编号)：_____ 监测前校准值(dB)：_____

监测后校准值(dB)：_____ 气象条件：_____

监测方法依据：_____

监测时间			$L_{eq}/dB(A)$	$L_{max}/dB(A)$	标准差(SD)	备注
月	日	开始监测时间				
						（点位周边环境有无变化）

负责人：_____ 审核人：_____ 测试人员：_____

监测日期：_____ 年 月 日

（2）结果评价。

以昼间、夜间环境噪声源正常工作时段的 L_{eq} 和夜间突发噪声 L_{max} 作为评价量，结合《声环境质量标准》，评价噪声敏感建筑物户外（或室内）环境噪声水平是否达标。若噪声监测在室内进行，则采用较该噪声敏感建筑物所在声环境功能区对应环境噪声限值低 10 dB 的值作为评价标准。

6. 质量保证

数据审核贯彻测试人、审核人、负责人三级审核制度，确保数据的科学性、准确性、合理性。对原始数据以及统计表格的具体审核内容如下：

（1）所用声级计和声级校准器的精度是否为 2 级以上，检定是否合格，是否在检定有效期内。

（2）监测日期是否避开节假日和非正常工作日。

（3）监测数据原始数据条是否打印完整，要包含 L_{eq}、L_{max}、测试时间等内容。

（4）监测数据的符合性、逻辑性和正确性，具体的数据逻辑性审核要求如下：

$$L_{max} \geqslant L_{eq}$$

数据审核后，按数据报送系统的格式要求填报并提交至有关单位。

噪声敏感建筑物的监测（一） 噪声敏感建筑物的监测（二）

实践项目 1.5　工业企业厂界噪声的监测

1. 方法简介

工业企业厂界环境噪声指在工业生产活动中使用固定设备等产生的、在厂界处进行测量和控制的干扰周围生活环境的声音。机关、事业单位、团体等对外环境排放噪声的单位也可以按本方法进行。工业企业厂界噪声监测的主要目的是评估工业企业噪声水平是否符合标准的要求，并确定和分析噪声强度和频谱。通过测量和分析噪声数据，可以确定哪些地方的噪声水平最高，以进一步采取有效措施减少噪声。

2. 测量仪器

测量仪器为积分平均声级计或环境噪声自动监测仪，其性能应不低于 GB/T 3785.1—2023 对 2 级仪器的要求。测量 35 dB 以下的噪声应使用 1 级声级计，且测量范围应满足所测量噪声的需要。校准所用仪器应符合 GB/T 15173—2010 对 1 级或 2 级声校准器的要求。当需要进行噪声的频谱分析时，仪器性能应符合 GB/T 3241—2010 中对滤波器的要求。

测量前需检查监测所用仪器设备是否符合要求。测量仪器和校准仪器应定期检定合格，并在有效使用期限内使用。

3. 监测布点

根据工业企业声源、周围噪声敏感建筑物的布局以及毗邻的区域类别，在工业企业厂界布设多个测点，其中包括距噪声敏感建筑物较近以及受被测声源影响大的位置。

一般情况下，测点选在工业企业厂界外 1 m、高度 1.2 m 以上、距任一反射面距离不小于 1 m 的位置。

当厂界有围墙且周围有受影响的噪声敏感建筑物时，测点应选在厂界外 1 m、高于围墙 0.5 m 以上的位置。

当厂界无法测量到声源的实际排放状况时，如声源位于高空、厂界设有声屏障等，应在工业企业厂界外 1 m、高度 1.2 m 以上、距任一反射面距离不小于 1 m 的位置设置测点，同时在受影响的噪声敏感建筑物户外 1 m 处另设测点。

固定设备结构传声至噪声敏感建筑物室内时，测量需在噪声敏感建筑物室内进行，测点应距任一反射面至少 0.5 m 以上、距地面 1.2 m、距外窗 1 m 以上，窗户关闭状态下测量。被测房间内的其他可能干扰测量的声源，如电视机、空调器、排气扇以及镇流器较响的日光灯、运转时出声的时钟等，应关闭。

4. 测量方法

（1）测量前准备。

测量前需查看天气预报，了解监测当天的天气情况，确保监测时的天气状况符合技术规范的要求。测量应在无雨雪、无雷电天气，风速为 5 m/s 以下时进行。不得不在特殊气象条件下测量时，应采取必要措施以保证测量的准确性，同时注明当时所采取的措施及气象情况。

（2）测量时段。

分别在昼间、夜间两个时段测量。夜间有频发噪声、偶发噪声影响时，同时测量最大声级。频发噪声是指频繁发生、发生的时间和间隔有一定规律、单次持续时间较短、强度较高的噪声，如排气噪声、货物装卸噪声等。偶发噪声是指偶然发生、发生的时间和间隔无规律、单次持续时间较短、强度较高的噪声，如短促鸣笛声、工程爆破噪声等。

若被测声源是稳态噪声（在测量时间内，被测声源的声级起伏不大于 3 dB 的噪声），则采用 1 min 的等效声级。

若被测声源是非稳态噪声（在测量时间内，被测声源的声级起伏大于 3 dB 的噪声），则选择被测声源有代表性时段，测量其等效声级。如果被测声源为周期性噪声，则测量时间至少在一个完整周期以上，必要时测量被测声源整个正常工作时段的等效声级。在项目验收噪声监测中，测量周期和频次一般不少于连续 2 个昼夜，无连续监测条件的，需 2 天，昼夜各 2 次。对于排放噪声有明显周期的声源，建议监测 2～3 个周期，每周期昼夜各 1 次。

测量应在被测声源正常工作时间进行，同时注明当时的工况。

测量结构传播固定设备室内噪声时，还需要测量各倍频带声压级。

（3）测量步骤。

厂界噪声测量步骤如下：

① 确定监测点位。

② 使用风速仪测量风速。观察天气条件是否符合要求，并记录实际风速。

③ 安放监测仪器。将声级计固定在三脚架上，给传声器戴上防风罩，避免传声器指向反射面。注意保证仪器电力和安全。

④ 监测前校准。

⑤ 调试仪器。将声级计设置为合适的监测时间，频率计权特性设置为"A"档，时间计权特性设置为"F"档，采样时间间隔不大于 1 s。

⑥ 开始监测。观察监测点位周围声环境状况，识别影响声环境的主要声源，记录主要声源类型、位置，直至监测时间结束。记录监测过程中气象条件变化等状况，如有无雨雪、雷电以及风速等气象条件的变化，若有不符合要求的情况发生，应重新进行测量。测量期间注意观察声级计的运行情况，防止干扰监测的情况发生及保证监测设备安全。

⑦ 监测结束后，在单次测量模式下再次对声级计进行校验，记录并保存校验结果。将测量前的校准值与测量后的检验值进行比较，其差值不应大于 0.5 dB，否则测量结果无效。

⑧ 保存并打印监测原始记录和校验记录，打印内容包含 L_{eq}、L_{max}、测试时间等参数指标。

背景噪声是指被测量噪声源以外的声源发出的环境噪声的总和。在进行厂界噪声测量时，我们得到的测量结果是包括背景噪声在内的总声压级，因此在测量厂界噪声时，需要对背景噪声进行测量，并在数据处理时扣除背景噪声值的影响，才能得到工业企业自身噪声源排放的噪声值。

在测量背景噪声时，测量仪器、测量参数、测量时段与测量被测声源时保持一致。

测量环境：不受被测声源影响，且其他声环境与测量被测声源时保持一致。根据可疑设备能否关停分为两种情况：可疑设备可以关停时，在测量房间内测量背景噪声；可疑设备不可以关停时，在与测量房间背景相似的房间内测量。值得注意的是，可疑声源不能关停时，如果涉及仲裁的监测，需要受污染方和设备拥有方均对监测环境认可后，才能在背景相似的房间内进行背景噪声的测量。

当只需要判断是否达标时，若噪声测量值低于噪声排放标准限值，可以不进行背景噪声的测量及修正，注明后直接判定达标；若噪声测量值高于相应的噪声排放标准限值，则必须进行背景噪声的测量及修正。

5. 测量记录与结果评价

（1）测量记录。

测量噪声时需做测量记录，填写噪声源监测原始记录表，表格格式可参照表1-23。记录内容应主要包括：被测量单位名称、地址、厂界所处声环境功能区类别、测量时的气象条件、测量仪器、校准仪器、测点位置、测量时间、测量时段、仪器校准值（测前、测后）、主要声源、测量工况、示意图（厂界、声源、噪声敏感建筑物、测点等位置）、噪声测量值、背景值、测量人员、校对人、审核人等相关信息。

表1-23　噪声源监测原始记录

单位名称	厂（地址：　区　路　号）				区域类别	
测量仪器型号及编号		校准声级/dB	测前：	测量日期		
声校准器型号及编号			测后：	气象条件		
测量方法	《工业企业厂界环境噪声排放标准》（GB 12348—2008）					

测点号	测点位置	声级/dB(A)		主要声源	测量时间	排放值
		测量值	背景值			
1						
2						
3						
4						
5						

测点示意图

测量人：　　　　复核人：　　　　审核人：

（2）测量结果修正。

噪声测量值与背景噪声值相差大于10 dB(A)时，背景噪声对监测结果影响不大，噪声测量值不做修正。

噪声测量值与背景噪声值相差在3～10 dB(A)之间时，背景噪声会对监测结果有较大的影响，将噪声测量值与背景噪声值的差值取整后，按表1-24进行修正。

表 1-24 测量结果修正表		单位：dB(A)
差值	3	4～5	6～10
修正值	-3	-2	-1

噪声测量值与背景噪声值相差小于 3 dB(A)时，应采取措施降低背景噪声后，视情况按表 1-24 执行。

（3）测量结果评价。

评价标准采用《工业企业厂界环境噪声排放标准》(GB 12348—2008)，工业企业厂界环境噪声不得超过标准规定的排放限值。

各个测点的测量结果应单独评价，同一测点每天的测量结果按昼间、夜间分别进行评价。若被测声源是稳态噪声，则采用 1 min 的等效声级；若被测声源是非稳态噪声，则采用有代表性时段的等效声级，必要时用被测声源整个正常工作时段的等效声级来评价。另外，评价结果需兼顾夜间频发噪声和夜间偶发噪声。

当厂界与噪声敏感建筑物的距离小于 1 m 时，厂界环境噪声应在噪声敏感建筑物的室内测量，并将相应的限值减 10 dB 作为评价依据。

当固定设备排放的噪声通过建筑物结构传播至噪声敏感建筑物室内时，噪声敏感建筑物室内等效声级不得超过《工业企业厂界环境噪声排放标准》(GB 12348—2008)中的结构传声噪声限值。

6. 质量保证

数据审核贯彻测试人、审核人、负责人三级审核制度，确保数据的科学性、准确性、合理性。对原始数据以及统计表格的具体审核内容如下：

（1）所用声级计和声级校准器的精度是否为 2 级或 1 级(35 dB 以下时)，检定是否合格，是否在检定有效期内。

（2）监测时段是否为工业企业正常生产运行时间。

（3）监测数据原始数据条是否打印完整，要包含 L_{eq}、L_{max}、测试时间等内容。

（4）监测数据的符合性、逻辑性和正确性，具体的数据逻辑性审核要求如下：

$$L_{max} \geq L_{eq}$$

数据审核后，按数据报送系统的格式要求填报并提交至有关单位。

工业企业厂界噪声的监测(一)　　工业企业厂界噪声的监测(二)

工业企业厂界噪声的监测(三)

实践项目 1.6　社会生活噪声的监测

1. 方法简介

社会生活噪声是指营业性文化娱乐场所和商业经营活动中使用的设备、设施产生的噪声。社会生活噪声的监测可以帮助我们了解营业性文化娱乐场所和商业经营活动中产生的噪声是否符合标准要求，对超过标准的项目采取治理措施，防止社会生活噪声扰民。

2. 测量仪器

测量仪器为积分平均声级计或环境噪声自动监测仪，其性能应不低于 GB/T 3785.1—2023 对 2 级仪器的要求。测量 35 dB 以下的噪声应使用 1 级声级计，且测量范围应满足所测量噪声的需要。校准所用仪器应符合 GB/T 15173—2010 对 1 级或 2 级声校准器的要求。当需要进行噪声的频谱分析时，仪器性能应符合 GB/T 3241—2010 中对滤波器的要求。

测量前需检查监测所用仪器设备是否符合要求，测量仪器和校准仪器应定期检定合格，并在有效使用期限内使用。

3. 监测布点

根据社会生活噪声排放源、周围噪声敏感建筑物的布局以及毗邻的区域类别，在社会生活噪声排放源边界布设多个测点，其中包括距噪声敏感建筑物较近以及受被测声源影响大的位置。

一般情况下，测点选在社会生活噪声排放源边界外 1 m、高度 1.2 m 以上、距任一反射面距离不小于 1 m 的位置（图 1-11）。

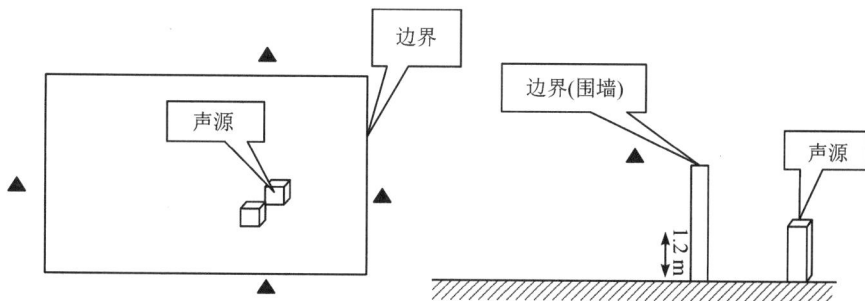

图 1-11　一般测点位置示意图

当边界有围墙且周围有受影响的噪声敏感建筑物时，测点应选在边界外 1 m、高于围墙 0.5 m 以上的位置（图 1-12）。

当边界无法测量到声源的实际排放状况时，如声源位于高空、边界设有声屏障等，应按一般情况设置测点，同时在受影响的噪声敏感建筑物户外 1 m 处另设测点（图 1-13）。

当边界与噪声敏感建筑物的距离小于 1 m 时，应在噪声敏感建筑物的室内测量。在室内测量噪声时，室内测量点位设在距任一反射面至少 0.5 m 以上、距地面 1.2 m 高度处，在受噪声影响方向的窗户开启状态下测量。

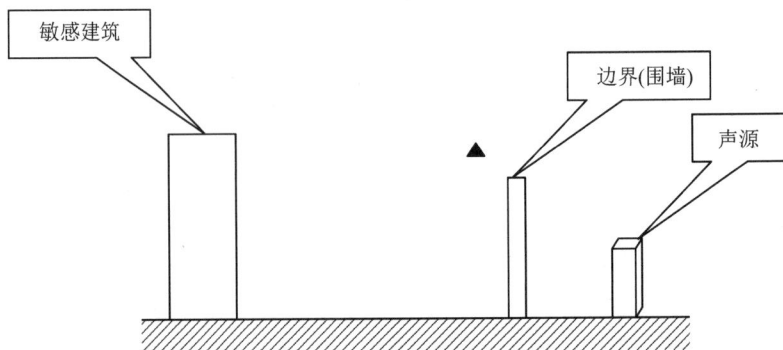

图 1-12 当边界有围墙且周围有受影响的噪声敏感建筑物时测点位置示意图

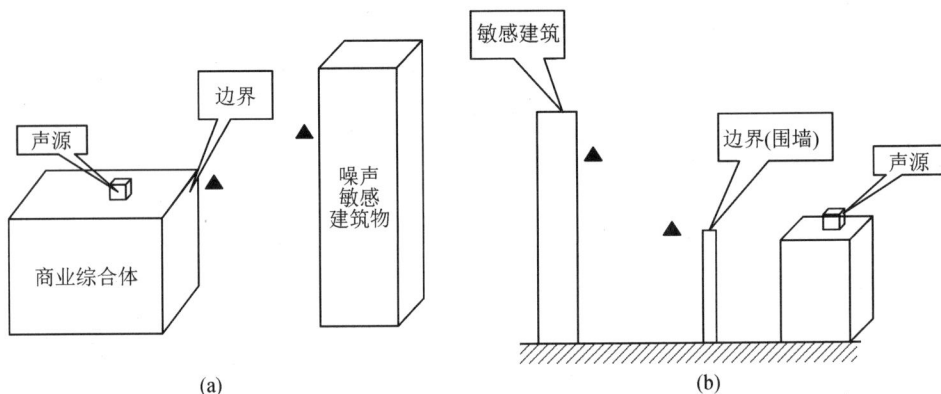

(a)   (b)

图 1-13 当边界无法测量到声源的实际排放状况时监测点位示意图

社会生活噪声排放源的固定设备结构传声至噪声敏感建筑物室内，在噪声敏感建筑物室内测量时，布点方法如图 1-14 所示，测点应距任一反射面至少 0.5 m 以上、距地面 1.2 m、距外窗 1 m 以上，窗户关闭状态下测量。被测房间内的其他可能干扰测量的声源，如电视机、空调器、排气扇以及镇流器较响的日光灯、运转时出声的时钟等，应关闭。

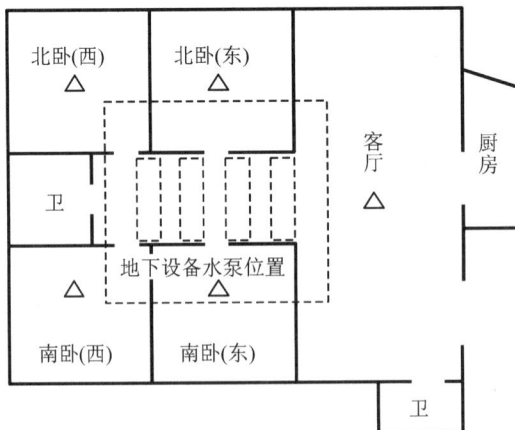

图 1-14 社会生活噪声排放源的固定设备结构传声至噪声敏感建筑物室内时测点位置示意图

4. 监测方法

（1）测前准备。

测量前需要查看天气预报，了解监测当天的天气情况，确保监测时的天气状况符合技术规范的要求。测量应在无雨雪、无雷电天气，风速为 5 m/s 以下时进行。不得不在特殊气象条件下测量时，应采取必要措施以保证测量的准确性，同时注明当时所采取的措施及气象情况。

（2）测量时段。

测量应在被测声源正常工作时间进行，分别在昼间、夜间两个时段测量，同时注明当时的工况。

若被测声源是稳态噪声，则采用 1 min 的等效声级。

若被测声源是非稳态噪声，则测量被测声源有代表性时段的等效声级。如果被测声源为周期性噪声，则测量时间至少在一个完整周期以上，必要时测量被测声源整个正常工作时段的等效声级。

在项目验收噪声监测中，测量周期和频次一般不少于连续 2 个昼夜，无连续监测条件的，需 2 天，昼夜各 2 次。对于排放噪声有明显周期的声源，建议监测 2~3 个周期，每周期昼夜各 1 次。

夜间受频发、偶发噪声影响时同时测量最大声级。

测量结构传播固定设备室内噪声时，还需要测量各倍频带声压级。

（3）测量步骤。

社会生活噪声的测量步骤如下：

① 确定监测点位。

② 使用风速仪测量风速。观察天气条件是否符合要求，并记录实际风速。

③ 安放监测仪器。将声级计固定在三脚架上，给传声器戴上防风罩，避免传声器指向反射面。注意保证仪器电力和安全。

④ 监测前校准。

⑤ 调试仪器。将声级计设置为合适的监测时间，频率计权特性设置为"A"档，时间计权特性设置为"F"档，采样时间间隔不大于 1 s。

⑥ 开始监测。观察监测点位周围声环境状况，识别影响声环境的主要声源，记录主要声源类型、位置，直至监测时间结束。记录监测过程中气象条件变化等状况，如有无雨雪、雷电以及风速等气象条件的变化，若有不符合要求的情况发生，应重新进行测量。测量期间注意观察声级计的运行情况，防止干扰监测的情况发生及保证监测设备安全。

⑦ 监测结束后，在单次测量模式下再次对声级计进行校验，记录并保存校验结果。将测量前的校准值与测量后的检验值进行比较，其差值不应大于 0.5 dB，否则测量结果无效。

⑧ 保存并打印监测原始记录和校验记录，打印内容包含 L_{eq}、L_{max}、测试时间等参数指标。

在对排放噪声进行评价时需要注意，排放标准所规定的限值是指被测声源产生的、在边界处测得的噪声，不属于被测对象产生的背景噪声应予以扣除。因此，在测定社会生活噪声时，需要同时测定背景噪声。

在测量背景噪声时，测量仪器、测量参数、测量时段与测量被测声源时保持一致。

测量环境：不受被测声源影响，且其他声环境与测量被测声源时保持一致。根据可疑设备能否关停分为两种情况：可疑设备可以关停时，在测量房间内测量背景噪声；可疑设备不可以关停时，在与测量房间背景相似的房间内测量。值得注意的是，可疑声源不能关停时，如果涉及仲裁的监测，需要受污染方和设备拥有方均对监测环境认可后，才能在背景相似的房间内进行背景噪声的测量。

当只需要判断是否达标时，若噪声测量值低于噪声排放标准限值，可以不进行背景噪声的测量及修正，注明后直接判定达标；若噪声测量值高于相应的噪声排放标准限值，则必须进行背景噪声的测量及修正。

5．测量记录和结果评价

（1）测量记录。

测量噪声时需做测量记录，填写噪声源监测原始记录表（表 1－25）。记录内容应主要包括：被测量单位名称、地址、边界所处声环境功能区类别、测量时的气象条件、测量仪器、校准仪器、测点位置、测量时间、测量时段、仪器校准值（测前、测后）、主要声源、测量工况、示意图（边界、声源、噪声敏感建筑物、测点等位置）、噪声测量值、背景值、测量人员、校对人、审核人等相关信息。

表 1－25　噪声源监测原始记录

单位名称		商场（地址：　区　路　号）				区域类别	
测量仪器型号 及编号		校准 声级 /dB	测前：		测量 日期		
声校准器型号 及编号			测后：		气象 条件		
测量方法		《社会生活环境噪声排放标准》（GB 22337—2008）					
测点号	测点位置	声级/dB(A)		主要声源	测量时间		排放值
		测量值	背景值				
1							
2							
3							
4							
5							
测点示意图							
测量人：　　　　　复核人：　　　　　审核人：							

（2）测量结果修正。

噪声测量值与背景噪声值相差大于 10 dB(A)时，噪声测量值不做修正。

噪声测量值与背景噪声值相差在 3~10 dB(A)之间时，将噪声测量值与背景噪声值的差值取整后，按表 1-26 进行修正。

表 1-26　测量结果修正表　　　单位：dB(A)

差值	3	4~5	6~10
修正值	-3	-2	-1

噪声测量值与背景噪声值相差小于 3 dB(A)时，应采取措施降低背景噪声后，视情况按表 1-26 进行修正。

（3）测量结果评价。

各个测点的测量结果应单独评价。同一测点每天的测量结果按昼间、夜间进行评价。最大声级 L_{max} 直接评价。根据《社会生活环境噪声排放标准》(GB 22337—2008)，社会生活噪声排放源边界噪声不得超过标准规定的排放限值。

当社会生活噪声排放源边界与噪声敏感建筑物的距离小于 1 m 时，应在噪声敏感建筑物的室内测量，并将标准中相应的限值减 10 dB 作为评价依据。

在社会生活噪声排放源位于噪声敏感建筑物内的情况下，噪声通过建筑物结构传播至噪声敏感建筑物室内时，噪声敏感建筑物室内等效声级的判定参照《社会生活环境噪声排放标准》中的结构传声 A 声级限值。

噪声倍频带声压级测量值的修订方法是，对背景噪声进行频谱分析，即测量背景噪声的各倍频带声压级，分别对各倍频带声压级进行修正，然后对照《社会生活环境噪声排放标准》中的"结构传播固定设备室内噪声排放限值(倍频带声压级)"进行达标判定。

对于在噪声测量期间发生非稳态噪声如电梯噪声等的情况，最大声级超过限值的幅度不得高于 10 dB。

6. 质量保证

数据审核贯彻测试人、审核人、负责人三级审核制度，确保数据的科学性、准确性、合理性。对原始数据以及统计表格的具体审核内容如下：

（1）所用声级计和声级校准器的精度是否为 2 级或 1 级(35 dB 以下时)，检定是否合格，是否在检定有效期内。

（2）监测时段是否为正常工作时间。

（3）监测数据原始数据条是否打印完整，要包含 L_{eq}、L_{max}、测试时间等内容。

（4）监测数据的符合性、逻辑性和正确性，具体的数据逻辑性审核要求如下：

$$L_{max} \geqslant L_{eq}$$

数据审核后，按数据报送系统的格式要求填报并提交至有关单位。

社会生活噪声的测量(一)　　　社会生活噪声的测量(二)　　　社会生活噪声的测量(三)

实践项目 1.7 建筑施工场界环境噪声的监测

1. 方法简介

建筑施工是指工程建设实施阶段的生产活动，是各类建筑物的建造过程，包括基础工程施工、主体结构施工、屋面工程施工、装饰工程施工（已竣工交付使用的住宅楼进行室内装修活动除外）等。建筑施工噪声是指建筑施工过程中产生的干扰周围生活环境的声音。监测建筑施工场界噪声的主要目的是判断建筑施工场所向周围环境排放的噪声是否符合标准要求，有助于保护周边居民的生活质量。

2. 测量仪器

测量仪器为积分平均声级计或噪声自动监测仪，其性能应不低于 GB/T 3785.1—2023 对 2 级仪器的要求。校准所用仪器应符合 GB/T 15173—2010 对 1 级或 2 级声校准器的要求。

测量前需检查监测所用仪器设备是否符合要求，测量仪器和校准仪器应定期检定合格，并在有效使用期限内使用。

3. 监测布点

根据施工场地周围噪声敏感建筑物位置和声源位置的布局，测点应设在对噪声敏感建筑物影响较大、距离较近的位置。

一般情况下，测点设在建筑施工场界外 1 m、高度 1.2 m 以上的位置。

当场界有围墙且周围有噪声敏感建筑物时，测点应设在场界外 1 m、高于围墙 0.5 m 以上的位置，且位于施工噪声影响的声照射区域。

当场界无法测量到声源的实际排放状况时，如声源位于高空、场界有声屏障、噪声敏感建筑物高于场界围墙等情况，测点可设在噪声敏感建筑物户外 1 m 处的位置。

在噪声敏感建筑物室内测量时，测点设在室内中央、距室内任一反射面 0.5 m 以上、距地面高度 1.2 m 以上，在受噪声影响方向的窗户开启状态下测量。

4. 测量方法

（1）测前准备。

查看天气预报，了解监测当天的天气情况，确保监测时的天气状况符合技术规范的要求（无雨雪、无雷电天气，风速小于 5 m/s）。

（2）测量时段。

施工期间，测量连续 20 min 的等效声级，夜间同时测量最大声级。

（3）测量步骤。

① 确定监测点位。

② 使用风速仪测量风速。观察天气条件是否符合要求并记录实际风速。

③ 安放监测仪器。将声级计固定在三脚架上，给传声器戴上防风罩，避免传声器指向反射面。注意保证仪器电力和安全。

④ 监测前校准。

⑤ 调试仪器。将声级计设置为合适的监测时间，频率计权特性设置为"A"档，时间计权特性设置为"F"档，采样时间间隔不大于 1 s。

⑥ 开始监测。观察监测点位周围声环境状况，识别影响声环境的主要声源，记录主要声源类型、位置，直至监测时间结束。记录监测过程中气象条件变化等状况，如有无雨雪、雷电以及风速等气象条件的变化，若有不符合要求的情况发生，应重新进行测量。测量期间注意观察声级计的运行情况，防止干扰监测的情况发生及保证监测设备安全。

⑦ 监测结束后，在单次测量模式下再次对声级计进行校验，记录并保存校验结果。将测量前的校准值与测量后的检验值进行比较，其差值不应大于 0.5 dB，否则测量结果无效。

⑧ 保存并打印监测原始记录和校验记录，打印内容包含 L_{eq}、L_{max}、测试时间等参数指标。

（4）背景噪声的测量。

背景噪声的测量环境要求不受被测声源影响且其他声环境与测量被测声源时保持一致。

背景噪声的测量时段：稳态噪声测量 1 min 的等效声级，非稳态噪声测量 20 min 的等效声级。

5. 测量记录与结果评价

（1）测量记录。

测量噪声时需做测量记录。记录内容应主要包括：被测量单位名称、地址、测量时的气象条件、测量仪器、校准仪器、测点位置、测量时间、仪器校准值（测前、测后）、主要声源、示意图（场界、声源、噪声敏感建筑物、场界与噪声敏感建筑物间的距离、测点位置等）、噪声测量值、最大声级值（夜间时段）、背景噪声值、测量人员、校对人员、审核人员等相关信息。

（2）测量结果修正。

背景噪声值比噪声测量值低 10 dB 以上时，噪声测量值不做修正。

噪声测量值的 A 计权声级与背景噪声值相差在 3～10 dB 之间时，将噪声测量值与背景噪声值的差值修约后，按表 1-27 进行修正。

噪声测量值与背景噪声值相差小于 3 dB 时，应采取措施降低背景噪声后，视情况按表 1-27 进行修正。

表 1-27　测量结果修正表　　　　　　　　单位：dB(A)

差值	3	4～5	6～10
修正值	-3	-2	-1

（3）测量结果评价。

各个测点的测量结果应单独评价。根据《建筑施工场界环境噪声排放标准》(GB 12523—2011)的规定，经修正后的建筑施工场界环境噪声不得超过表 1-28 规定的排放限值。

表 1-28　建筑施工场界环境噪声排放限值　　单位：dB(A)

昼　间	夜　间
70	55

夜间噪声最大声级超过限值的幅度不得高于 15 dB。

当场界距噪声敏感建筑物较近，其室外不满足测量条件时，可在噪声敏感建筑物室内测量，并将表 1 – 28 中相应的限值减 10 dB 作为评价依据。

6. 质量保证

数据审核贯彻测试人、审核人、负责人三级审核制度，确保数据的科学性、准确性、合理性。对原始数据以及统计表格的具体审核内容如下：

（1）所用声级计和声级校准器的精度是否为 2 级或 1 级（35 dB 以下时），检定是否合格，是否在检定有效期内。

（2）监测时段是否为工业企业正常生产运行时间。

（3）监测数据原始数据条是否打印完整，要包含 L_{eq}、L_{max}、测试时间等内容。

（4）监测数据的符合性、逻辑性和正确性，具体的数据逻辑性审核要求如下：

$$L_{max} \geq L_{eq}$$

数据审核后，按数据报送系统的格式要求填报并提交至有关单位。

建筑施工厂界噪声的测量（一）　　建筑施工厂界噪声的测量（二）

实践项目 1.8　工业企业生产环境噪声的测量

1. 方法简介

工业企业噪声问题分为两类：一类是工业企业噪声对外界环境的影响；另一类是工业企业噪声对内部生产环境的影响。内部噪声又分为生产环境噪声和机器设备噪声。对工业企业生产环境进行噪声测量，有助于保护工业企业内部作业人员的健康和安全。通过工厂噪声监测实验，可以及时发现问题，并采取措施进行调整和改进。

2. 测量仪器

测量用声级计应不低于 GB/T 3785.1—2023 规定的 1 级声级计的要求。测量时应使用"A"频率计权特性和"F"时间计权特性。当使用能自动采样测量 A 计权声级的系统时，其读数时间间隔不应大于 30 ms。校准所用仪器应符合 GB/T 15173—2010 对 1 级声校准器的要求。测量前应对监测仪器的精度和性能、检定时间和工作状况进行检查。

测量前后，必须对声级计进行校准。在没有做任何调整的条件下，如果后一次校准读数相对前一次校准读数的差值超过 0.5 dB，则认为前一次校准后的测量结果无效。

3. 测量布点

车间内部各点声级分布变化小于 3 dB 时，只需要在车间选择 1～3 个测点；若声级分布差异大于 3 dB，则应按声级大小将车间分成若干区域，使每个区域内的声级差异小于 3 dB，相邻两个区域的声级差异应大于或等于 3 dB，并在每个区域选取 1～3 个测点。这些区域必须包括所有作业人员经常工作活动的地点和范围。

4．测量方法

（1）测量时间。

对于稳态噪声只测量 A 声级，如果是不稳定的连续噪声，则在能够代表 8 h 内起伏状况的时间内取样，计算等效连续 A 声级 L_{eq}。如果使用积分声级计，就可以直接测定规定时间内的噪声暴露量。对于间断性的噪声，可测量不同 A 声级下的暴露时间，计算 L_{eq}。

（2）测量步骤。

测量时选用慢挡"S"，取平均度数。

测量时传声器应置于工作人员的耳朵附近，且测量时工作人员应从岗位上暂时离开，以避免声波在工作人员头部引起的散射声使测量产生误差。对于流动的工种，应在流动的范围内选择测点，高度与工作人员耳朵的高度相同，求出测量值的平均值。

5．监测记录和结果评价

（1）监测记录。

监测记录内容包括：车间名称、厂址、测量时间、测量仪器型号、校准仪器型号、校准声级、噪声源名称和型号、机器功率、设备分布示意图、检测 A 计权声级和倍频带声压级、测量人、复核人、审核人。原始数据记录表格样式可以参照表 1-29，若需要记录不同 A 声级下的暴露时间，则可参照表 1-30。

表 1-29　工业企业噪声测量记录表

厂车间_____　　厂址_____　　　　年_____月_____日

测量仪器型号：_____　　校准仪器型号：_____　　测前校准：_____　　测后校准：_____

	机器名称	型号	功率	运转状态		机器名称
				开/台	关/台	
车间设备状况						
设备分布及测点示意图						

数据记录	测点	声压级/dB		倍频带声压级/dB								
		A	C	31.5	63	125	250	500	1k	2k	4k	8k

测量人：　　　　复核人：　　　　审核人：

表 1-30　等效连续声级记录表

测点	中心声级/dB										等效连续 A 声级
	80	85	90	95	100	105	110	115	120	125	
暴露时间/分钟											
备注											

注：测量的 A 声级的暴露时间必须填入与之对应的中心声级下面，以便于计算。例如，78～82 dB 的暴露时间填在中心声级 80 dB 之下，83～87 dB 的暴露时间填在中心声级 85 dB 之下。

（2）结果评价。

监测结果可参照《工业企业噪声控制设计规范》(GB/T 50087—2013)进行评价。《工业企业噪声控制设计规范》提出了工业企业厂区内各类地点噪声 A 声级的噪声限值（表 1-31）。在现有工业企业中，凡噪声超过本标准规定的生产车间和作业场所，必须采取行之有效的控制措施，限期达到本标准要求。在未达到标准前，厂矿企业必须发放个人防护用品，以保障工人健康。

表 1-31　工业企业厂区内各类地点噪声标准(A 计权声级)

序号	地点类别		噪声限值/dB
1	生产车间及作业场所(工人每天连续接触噪声 8 h)		85
2	高噪声车间设置的值班室、观察室、休息室	无电话通话要求时	75
		有电话通话要求时	70
3	精密装配线、精密加工车间的工作地点、计算机房(正常工作状态)		70
4	车间所属办公室、实验室、设计室(室内背景噪声级)		70
5	主控制室、集中控制室、通信室、电话总机室、消防值班室(室内背景噪声级)		60
6	厂部所属办公室、会议室、设计室、中心实验室(包括试验、化验、计量室)(室内背景噪声级)		60
7	医务室、教室、哺乳室、托儿所、工人值班室(室内背景噪声级)		55

在表 1-31 中，室内背景噪声是指室外传入室内的噪声。车间噪声限值为每周工作 5 天，每天工作 8 h。对于每周工作 5 天，每天工作不足 8 h，需计算 8 h 等效声级。对每周工作不足 5 天，需计算 40 h 等效声级。

对于非稳态噪声的工作环境或工作位置流动的情况，根据测量规范的规定，应测量等效连续 A 声级，或测量不同的 A 声级和相应的暴露时间，然后按如下的方法计算等效连续 A 声级或计算噪声暴露率。

等效连续 A 声级的计算是将一个工作日(8 h)内所测得的各 A 声级从大到小分成 8 段排列，每段相差 5 dB，以其算术平均的中心声级表示，如 80 dB 表示 78~82 dB 的声级范围，85 dB 表示 83~87 dB 的声级范围，以此类推。低于 78 dB 的声级可以不予考虑，则一个工作日的等效连续 A 声级可通过式(1-29)计算：

$$L_{eq} = \left[80 + 10 \lg \frac{\sum\limits_{n} 10^{\frac{(n-1)}{2}} T_n}{480} \right] \text{ dB} \qquad (1-29)$$

式中：n——中心声级的段数号，$n=1\sim8$，见表 1-32；

　　　T_n——第 n 段中心声级在一个工作日内所累积的暴露时间，单位为 min；

　　　480——8 h 的分钟数。

表 1-32　各段中心声级和暴露时间

n(段数号)	1	2	3	4	5	6	7	8
中心声级 L_i/dB	80	85	90	95	100	105	110	115
声级范围/dB	78~82	83~87	88~92	93~97	98~102	103~107	108~112	113~115
暴露时间 T_n/min	T_1	T_2	T_3	T_4	T_5	T_6	T_7	T_8

例题：某车间中，工作人员在一个工作日内的暴露时间分别为 90 dB 计 4 h，75 dB 计 2 h，100 dB 计 2 h，求该车间的等效连续 A 声级。

【解】根据表 1-32，90 dB 噪声处在段数号 $n=3$ 的中心声级段；100 dB 噪声处在段数号 $n=5$ 的中心声级段；75 dB 可以不予考虑。因此，

$$L_{eq} = \left\{ 80 + 10 \lg \left[\frac{10^{\frac{(3-1)}{2}} \times 240 + 10^{\frac{(5-1)}{2}} \times 120}{480} \right] \right\} \text{ dB} = 94.7 \text{ dB}$$

这一结果已超过表 1-32 中所规定的限值。

噪声暴露率的计算是将暴露声级的时数除以该暴露声级的允许工作的时数。设暴露在 L_i 声级的时数为 C_i，L_i 声级允许暴露时数为 T_i，则按每天 8 h 工作可算出噪声暴露率：

$$D = \frac{C_1}{T_1} + \frac{C_2}{T_2} + \frac{C_3}{T_3} + \cdots = \sum_i \frac{C_i}{T_i} \qquad (1-30)$$

如果 $D>1$ 表明 8 h 工作的噪声暴露剂量超过允许标准，上例中的噪声暴露率 $D = \frac{4}{8} + \frac{2}{1} = 2.5 > 1$，表明已超过标准限值。

工业企业生产环境噪声的测量(一)　　　工业企业生产环境噪声的测量(二)

实践项目 1.9 机器噪声的测量

1. 方法简介

表征机器噪声值通常有两种方式：一种是声功率级，另一种是声压级。声功率级是一个反映机器辐射噪声能量大小的客观量，从理论上讲，它的值与测量距离无关，也与测试环境无关，它表示了机械特性的不变量，便于同类产品和不同类产品噪声水平的比较。而声压级则与测量距离有关，测点离开声源越远，声压级就越低，声音越弱；反之，声压级越高，声音越响。人们能直观感受到的是声压级。因此，声压级测定常参考人耳位置作为布置测点的依据。通常规定机器噪声发射值标准包括工作位置和指定位置的发射声压级和机器的声功率级，用声功率级反映机器的噪声水平，用发射声压级反映劳动保护的水平。对于大型机器，则仅仅测量发射声压级。

测量机器噪声的目的主要有两个：一是表述机器噪声值的大小或验证机器的噪声是否符合规定，这时通常只需测定 A 计权声功率级和发射声压级；二是对机器噪声进行比较、分析、鉴别优劣，查明噪声产生的根源，以便采取措施降低噪声，再通过验证，评价减噪措施的实际效果，这时不仅要测定噪声的强度，还需要进行频谱分析。

2. 测量仪器

在监测工作开始之前需要检查监测仪器的精度和性能、检定时间、工作状况等。测量用声级计应不低于 GB/T 3785.1—2023 规定的 1 级声级计的要求。测量时应使用"A"频率计权特性和"F"时间计权特性。当使用能自动采样测量 A 计权声级的系统时，其读数时间间隔不应大于 30 ms。校准所用仪器应符合 GB/T 15173—2010 对 1 级声校准器的要求。

测量前后，必须对声级计进行校准。在没有做任何调整的条件下，如果后一次校准读数相对前一次校准读数的差值超过 0.5 dB，则认为前一次校准后的测量结果无效。

3. 测量布点

机器噪声的现场测量必须设法避免或减小环境的背景噪声和反射声的影响，比如，使测点尽可能接近机器声源；除待测机器外尽可能关闭其他运转设备；减少测量环境的反射面；增加吸声面积等。对于室外或高大车间内的机器噪声，在没有其他声源影响的条件下，测点可选得远一些，一般情况可按如下原则选择测点：小型机器(外形尺寸小于 0.3 m)，测点距表面 0.3 m；中型机器(外形尺寸在 0.3～1 m)，测点距表面 0.5 m；大型机器(外形尺寸大于 1 m)，测点距表面 1 m；特大型机器或有危险性的设备，可根据具体情况选择较远位置。

测点数目可视机器的大小和发声部位的多少选取 4、6、8 个等。测点高度以机器高度的一半为准或选择在机器水平轴线的水平面上，传声器对准机器表面，测量 A、C 声级和倍频带声压级，并在相应测点上测量背景噪声。

对空气动力性的进、排气噪声测点，进气噪声测点应取在进气口轴线上，距管口平面 0.5 m 或 1 m(或等于一个管口直径)处；排气噪声测点应取在排气口轴线 45°方向上或管口平面上，距管口中心 0.5 m、1 m 或 2 m 处，如图 1-15 所示。

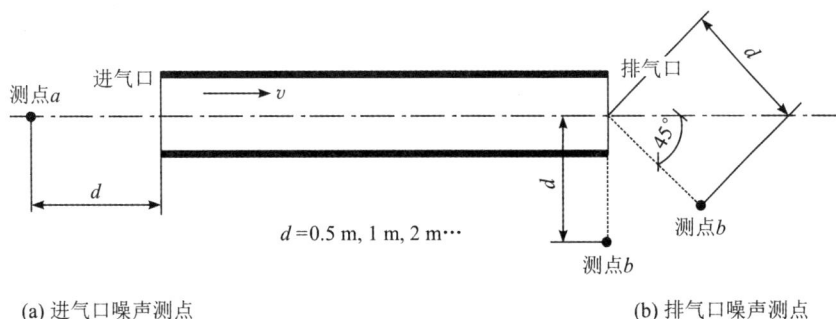

(a) 进气口噪声测点　　　　　　　　　　　　　　　(b) 排气口噪声测点

图 1-15　进、排气噪声测量点位置示意图

机器设备噪声的测量，由于测点位置的不同，所得结果也不同。为了便于对比，各国的测量规范对测点的位置都有专门规定，有时由于具体情况不能按照规范要求布置测点时，则应注明测点的位置。

4．测量方法

进、排气噪声应测量 A、C 声级和倍频带声压级，必要时测量 1/3 倍频带声压级。

在测量机器噪声时需同时测量背景噪声。在进行背景噪声的测量时，测量仪器、测量时段、测量参数与测量被测声源时保持一致。测量环境要求不受被测声源影响且其他声环境与测量被测声源时保持一致。

5．测量记录与结果评价

（1）测量记录。

有关被测机器和测量仪器的名称、型号、编号、校准声级、测量条件和测量结果等数据都应填写在机器噪声检测记录表（表 1-33）中。测量中其他需要说明的情况，应填写在"其他说明"一栏中。

表 1-33　机器噪声检测记录表

机器名称：	型号：	编号：		测前校准：		测后校准：	
测点位置	倍频带声压级/Hz					A 计权声级	C 计权声级
	31.5	63	125	250	500		
1							
2							
3							
4							
5							

测量人员：　　　复核人员：　　　审查人员：

测量时间：　　　年　　月　　日

其他说明：

（2）结果评价。

对本底噪声的影响，如果被测噪声的 A 声级及各倍频带声压级均高于本底噪声 10 dB，则无须对测量值进行背景噪声修正。

噪声测量值与背景噪声值相差在 3～10 dB 之间时，将噪声测量值与背景噪声值的差值取整后，按表 1-34 进行修正。

表 1-34　测量结果修正表　　　单位：dB(A)

差值	3	4～5	6～10
修正值	-3	-2	-1

噪声测量值与背景噪声值相差小于 3 dB 时，应采取措施降低背景噪声后，视情况按表 1-34 执行。

机器噪声的测量（一）　　　　　机器噪声的测量（二）

实践项目 1.10　　汽车定置噪声的测量*

1. 方法介绍

我国城市交通噪声污染日趋严重，大量在用车辆成为城市道路交通噪声的主要噪声源。基于此，迫切需要加强对在用车辆噪声的监测和控制。由于车辆噪声随行驶状况随时会有变化，因此测定的车辆噪声级，既要反映车辆的特性，又要代表车辆行驶的常用状况。国标《声学　机动车辆定置噪声声压级测量方法》(GB/T 14365—2017)规定了机动车辆定置噪声的测量方法，是对车辆噪声水平的一种评价方法。

2. 测量仪器

（1）声学测量仪器。

所使用的声级计或其他等效测量系统，包括防风罩等应符合 GB/T 3785.1—2023 中对 1 级仪器的要求。校准器应符合 GB/T 15173—2010 中规定的 1 级声校准器的要求。

测量时使用声级计的 A 计权，快"F"档。

测量前后，应对声级计进行校准。在未进行任何调整的情况下，两次连续校准读数的差值应小于或等于 0.5 dB。如果差值大于 0.5 dB，则认为前一次校准后的测量结果无效。

声学仪器和校准器都应在检定有效期内。

发动机转速表，在测量的发动机转速范围内准确度不低于±2%。不得使用汽车上的同类仪表。

（2）测量场地。

测量场地应为混凝土、密实型沥青或类似的无明显孔隙的坚硬材料所构成的平坦开阔地面，避免在雪地、草堆、稀松的土壤或其他具有吸声特性的地面上测量。待测车辆周边 3 m 内和传声器 3 m 之内无较大的反射物，如车辆、建筑物、广告牌、树木、平行的墙、人等。

3. 测点位置

在进行两轮车辆测试时，应调整传声器的测试点，保证离地后的排气出口参考点位置达到规定的距离，参考点的位置如图 1-16 所示。

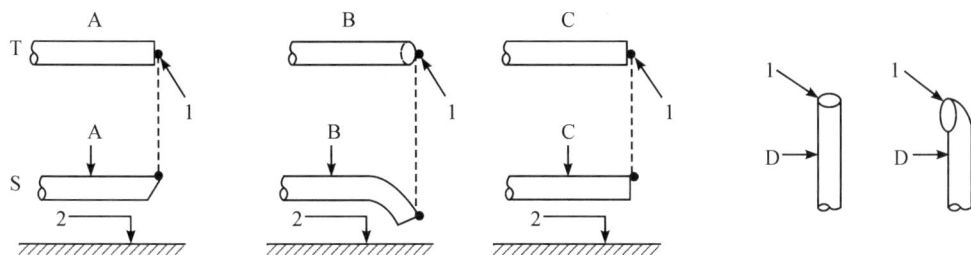

说明：1——参考点；2——道路表面；A——斜面管；B——下弯管；C——平直管；D——垂直管

图 1-16　排气出口参考点

传声器位置如图 1-17 所示，一般设置在与通过排气口末端轴线成 45°±5° 的竖直平面上，距参考点(0.5±0.01)m，与参考点等高的位置。当参考点距地面小于 0.2 m 时，测点高度取 0.2 m。传声器的轴线应与地面平行，朝向排气参考点。

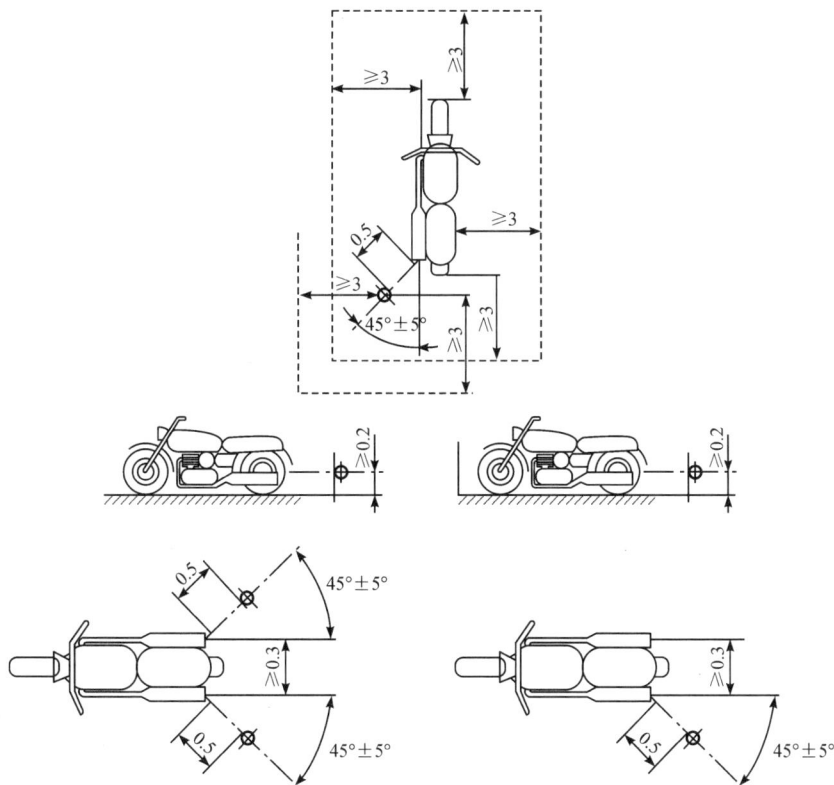

图 1-17　两轮车辆定置噪声测量的布点位置

当排气管两侧都能布置传声器时,传声器布置在离车辆纵向轴线较远的一侧。

当排气管轴向与车身纵向轴成90°时,传声器布置在距离发动机较远的一侧。

如果车辆有两个或两个以上排气口,相互距离不超过0.3 m,并且连接同一个消声器,则只取1个测量位置。测点位置应设置在最靠近车辆外侧的那个排气管处,如果排气管上下排列,则测点应设置在靠上的排气管处。

如果车辆的多个排气口相距大于0.3 m,或者使用多个消声器,则应对每个排气管进行测量,记录其中的最高声压级。图1-18所示为根据上述原则,给出的四轮车辆排气口位置相应的传声器位置示例。

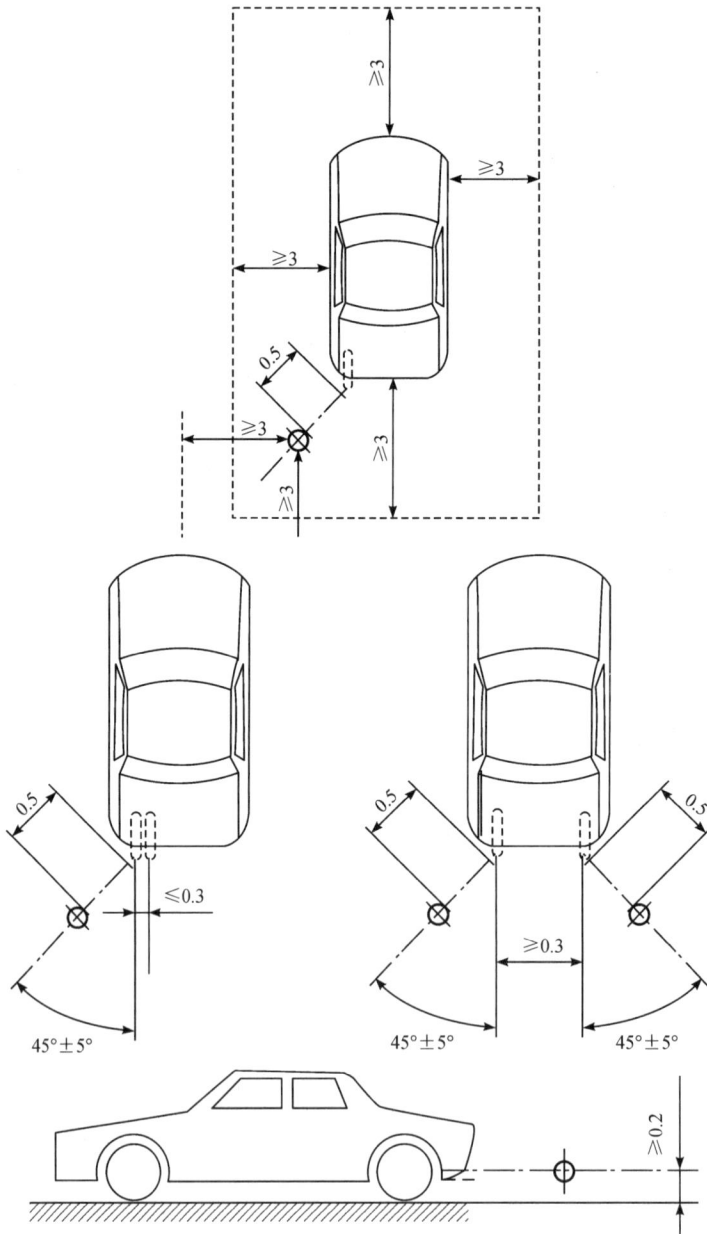

图1-18 四轮车辆定置噪声测量的布点位置

如图 1-19 所示，如果由于某些车辆部件，例如：备胎、油箱、蓄电池等，妨碍了测量点，传声器应安置在距离最近的妨碍部件（包括车身）至少 0.2 m 处，并最大程度避开妨碍部件，其轴线正对排气口。存在多个可测量位置时，取 d_1、d_2 值中较小的一个作为测量位置，如图 1-20 所示。

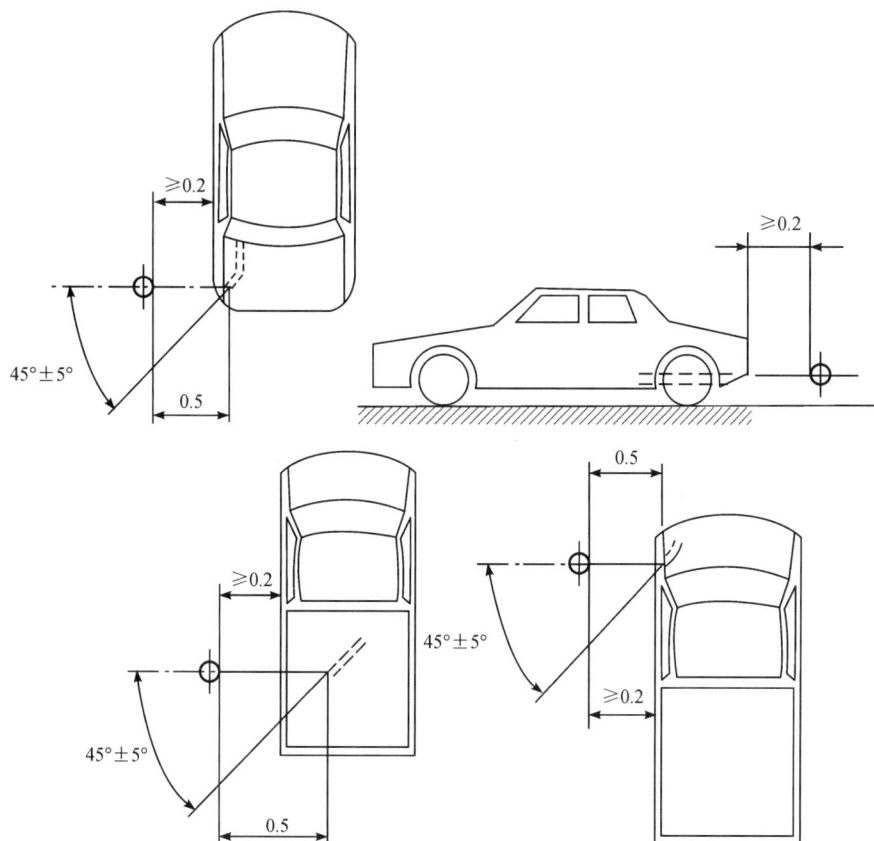

图 1-19　不宜布点的四轮车辆定置噪声测量的测点位置

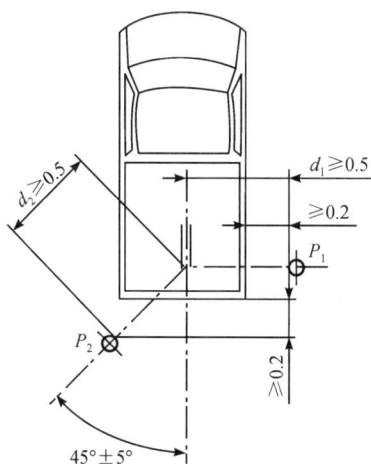

说明：P_1，P_2——传声器 1 和 2 的位置；d_1，d_2——排气管至 P_1 和 P_2 的距离

图 1-20　存在多个可测量位置时的布点位置

如图 1-21 所示，对于垂直排气系统的车辆(例如：商用车)，测点位置应设置在与排气管口等高，距参考点(0.5±0.01)m 的位置，但是测量点距排气管较近一侧的车辆侧面不能小于 0.2 m。传声器轴线垂直，方向朝上。

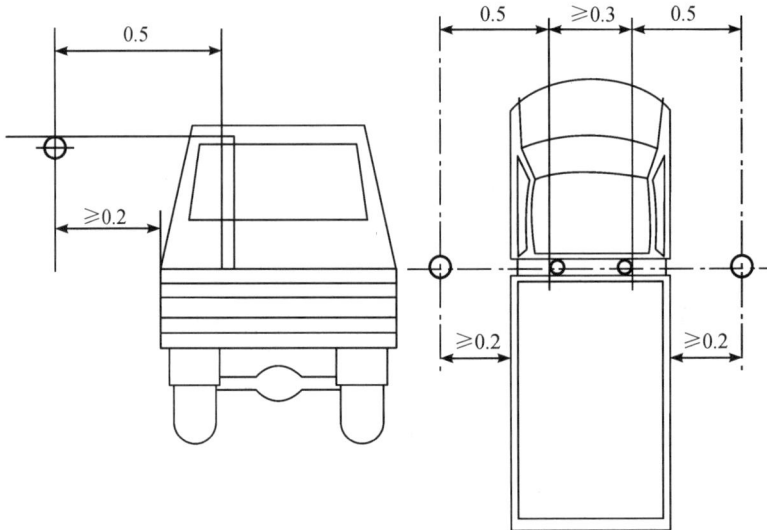

图 1-21 垂直排气系统车辆定置噪声测量的布点位置

为了路边检测时测量方便，参考点应选在车身表面靠外的位置。

汽车定置噪声的测量——车辆准备和测点位置

4. 测量方法

(1) 测前准备。

测量前需查询天气预报，确保测量时的天气情况符合技术规范的要求。户外噪声的测量天气条件为无雨雪，无雷电，且测量期间风速，包括阵风，不大于 5 m/s。在风速超过 2 m/s 时建议使用防风罩。

(2) 车辆的准备。

为了安全性以及测试结果的准确性，在测量前和测量过程中需要做如下准备工作：

① 为了保障安全，在测量前应拉紧手制动器。对手动挡车辆，变速器挂空挡，离合器接合；对自动挡车辆，变速器挂 P 挡。

② 对有空调装置的车辆，应关闭车内空调。

③ 如果车辆的风扇有自动启动功能，应保证在声压级测试过程中风扇不会启动。

④ 测试时，应合上发动机罩。

⑤ 在每次测试前，都应将发动机的工作温度控制到车辆说明书要求的正常工作温度

范围。

⑥ 对于摩托车等没有空挡的两轮车辆，测量时应将其后轮支起离地，使其驱动轮可以自由转动。

（3）车辆发动机的目标转速值。

测量车辆定置噪声时，需要控制车辆的发动机转速。发动机的目标转速值与车辆的类型和车辆的额定转速有关，一般按照表 1 - 35 的规定选择目标转速。

如果车辆的发动机转速不能达到以上要求，发动机目标转速值应比定置测量时能达到的最高的发动机转速低 5 %。

表 1 - 35　测量车辆定置噪声时车辆发动机的目标转速值

车辆类型	额定转速	目标转速	允许偏差
L 类车辆	$S \leqslant 5000$ r/min	75 % S	5 %
L 类车辆	$S > 5000$ r/min	50 % S	5 %
M 类车辆、N 类车辆	$S \leqslant 5000$ r/min	75 % S	5 %
M 类车辆、N 类车辆	5000 r/min $< S \leqslant 7500$ r/min	3750 r/min	5 %
M 类车辆、N 类车辆	$S > 7500$ r/min	50 % S	5 %

说明：L 类车辆通常为四轮以下的摩托车辆，目前已扩展至一些空载质量较小、车速较低、功率较小的四轮车辆；M 类车辆指至少有四个车轮并且用于载客的机动车辆；N 类车辆指至少有四个车轮并且用于载货的机动车辆。

（4）声学测量。

测量开始时，对于多模式排气系统的车辆和具有手动排气控制的车辆，应对所有模式进行测量。

测量开始后，发动机转速从怠速起逐渐增加至发动机目标转速值，不应超过目标转速的 ±5 %，稳定在目标转速后保持不变，然后迅速松开油门，测量由稳定转速减速到怠速过程的噪声。测量应至少涵盖 1 s 的稳定转速，并包含整个减速过程。测量过程的最大声压级作为测量结果。

测试如使用手持式声级计，手持式声级计的传声器应固定在稳定的支架上。如果可能，应使用延长电缆使测量或记录设备远离传声器。

记录测量的最大 A 计权声压级，测量结果按四舍五入约整至个位数，如 92.4 约整至 92，92.5 约整至 93。

对每一个排气口重复进行测量，直到连续三次测量数据的变化范围在 2 dB 之内为止。

测量期间，背景噪声至少应比被测噪声低 10 dB(A)，测量结果才有效。在测试过程中，如果防风罩对声级计灵敏度的影响可以修正，可使用合适的防风罩。

5. 测量记录与结果评价

（1）测量记录。

记录被测汽车和测量仪器的技术参数、测量条件和测量结果等数据，填写在表 1 - 36

中。测量中其他需要说明的情况，应填写在"其他说明"一栏中。

（2）结果评价。

每一排气口的最终结果为三次有效测量的算术平均值，结果四舍五入，分别记为 L_{A1}，L_{A2}，L_{A3}。记录结果 A 计权声压级为 L_A，如式（1-31）所示：

$$L_A = (L_{A1} + L_{A2} + L_{A3})/3 \qquad\qquad (1-31)$$

对于多个排气口的车辆，最终声压级 L_A 应为各排气口平均声压级中的最大值。

汽车的定置噪声应符合《汽车定置噪声限值》(GB 16170—1996)的规定。

表 1-36　汽车加速行驶车外噪声测量记录表

测量日期：＿＿＿＿　　测量地点：＿＿＿＿　　路面状况：＿＿＿＿　　天气：＿＿＿＿
气温(℃)：＿＿＿＿　　风速(m/s)：＿＿＿＿
汽车：型号 ＿＿＿＿　　出厂日期 ＿＿＿＿　　已驶里程(km) ＿＿＿＿
额定载客人数或最大质量(kg) ＿＿＿＿　　汽车分类(M₁₋₃，N₁₋₃) ＿＿＿＿
发动机：型式 ＿＿＿＿　　型号 ＿＿＿＿
额定功率(kW) ＿＿＿＿　　额定转速(r/min) ＿＿＿＿
变速器：型号 ＿＿＿＿　　前进挡位数 ＿＿＿＿　　型式(手动、自动或其他) ＿＿＿＿
声级计：型号 ＿＿＿＿　　准确度等级 ＿＿＿＿　　检定有效期 ＿＿＿＿
校准器：型号 ＿＿＿＿　　准确度等级 ＿＿＿＿　　检定有效期 ＿＿＿＿
校准值：测量前(dB) ＿＿＿＿　　测量后(dB) ＿＿＿＿　　背景噪声(dB) ＿＿＿＿
转速(车速)仪：型号 ＿＿＿＿　　准确度 ＿＿＿＿　　检定有效期 ＿＿＿＿
温度计：型号 ＿＿＿＿　　准确度 ＿＿＿＿　　检定有效期 ＿＿＿＿
风速仪：型号 ＿＿＿＿　　准确度 ＿＿＿＿　　检定有效期 ＿＿＿＿

测量结果(dB)	1	
	2	
	3	
	4	
	5	
	6	

其他说明：

汽车定置噪声的测量(一)　　汽车定置噪声的测量(二)

实践项目 1.11　　汽车加速行驶噪声的测量*

1. 方法简介

车辆噪声随行驶状况随时会有变化，通过汽车加速行驶噪声的测量，可以评价车辆在行驶过程中向周围环境辐射的噪声大小，以反映车辆的特性和车辆行驶的常用状态下的噪声状况。国标《汽车加速行驶车外噪声限值及测量方法》(GB 1495—2002)规定了机动车定置噪声的测量方法。

2. 测量仪器

测量前需要对测量用的声级计、声校准器、发动机转速表、气象参数测量仪器进行检查，确保以上测量仪器符合监测要求。

(1) 声级计。

测量用声级计应不低于 GB/T 3785.1—2023 规定的 1 级声级计的要求。测量时应使用"A"频率计权特性和"F"时间计权特性。当使用能自动采样测量 A 计权声级的系统时，其读数时间间隔不应大于 30 ms。

测量前后，必须对声级计进行校准。在没有做任何调整的条件下，如果前后两次读数的差值超过 0.5 dB，则认为前一次校准后的测量结果无效。

(2) 声校准器。

校准器必须符合 GB/T 15173—2010 规定的 1 级声校准器的要求。

(3) 发动机转速表。

发动机转速表的准确度需优于±2%，车速测量设备的准确度必须优于±0.5%。不得使用汽车上自带的转速表。

(4) 气象参数测量仪器。

气象参数测量仪器应包括如下设备，其准确度应满足以下限值：① 温度计，±1 ℃；② 风速仪，±1.0 m/s；③ 大气压计，±5 hPa；④ 相对湿度计，±5%。

以上所有测量仪器均应按国家有关计量仪器的规定进行定期检验。

3. 测量场地准备

测量场地应达到的声场条件如下：

(1) 以测量场地中心为基点、半径为 50 m 的范围内没有大的声反射物，如围栏、岩石、桥梁或建筑物等。

(2) 测试场地路面表面干燥，没有积雪、高草、松土及炉渣之类的吸声材料。

(3) 传声器附近没有任何影响声场的障碍物，并且声源与传声器之间没有任何人滞留。进行测量的观察者也应站在不致影响仪器测量值的位置。

(4) 测量场地应基本上水平、坚实、平整，并且试验路面不应产生过大的轮胎噪声。

（5）测量场地的背景噪声至少应比被测汽车噪声低 10 dB。

4. 测量布点

加速行驶测量区域如图 1-22 所示，O 点为测量区的中心，加速段长度为 $2 \times (10 \pm 0.05)$ m，AA' 线为加速始端线，BB' 线为加速终端线，CC' 线为行驶中心线。

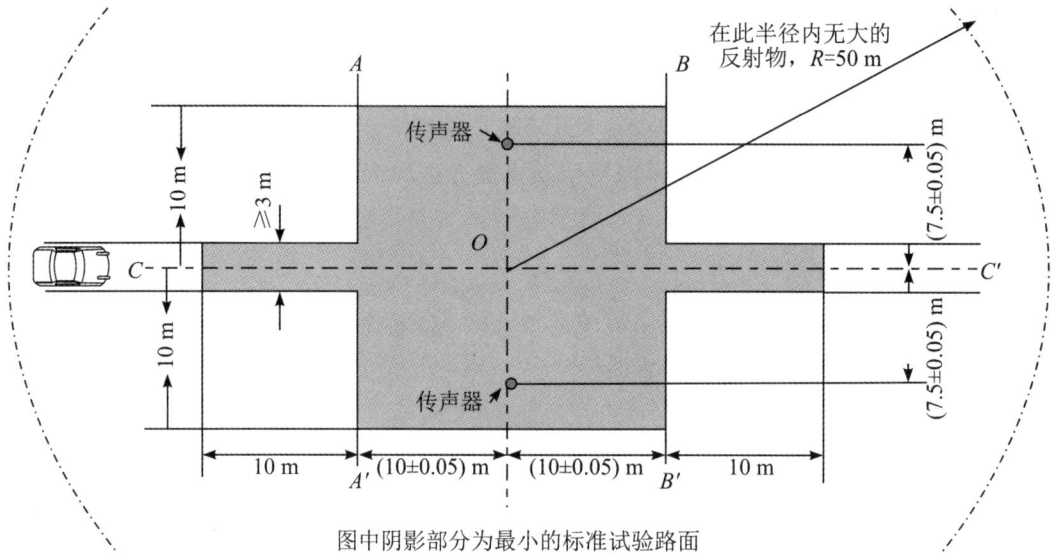

图中阴影部分为最小的标准试验路面

图 1-22 测量场地、测量区及传声器的布置

传声器应布置在离地面高 (1.2 ± 0.02) m，距行驶中心线 CC' (7.5 ± 0.05) m 处。其参考轴线必须水平并垂直指向行驶中心线 CC'。

5. 测量方法

（1）确认气象条件。

测量应在良好天气中进行。噪声测量期间，环境温度必须在 $5 \sim 40$ ℃ 的范围内，如果汽车制造企业允许，可在最低 0 ℃ 的环境温度下进行测量。测量时风速不应超过 5 m/s，并且注意测量结果不受阵风的影响。在噪声测量过程中，记录气温、风速和风向、相对湿度以及大气压值。气象参数的测量仪器应置于测量场地附近，高度与声级计的传声器高度相同，为 (1.2 ± 0.02) m。

（2）汽车准备。

被测汽车应空载，不带挂车或半挂车，不可分解的汽车除外。

被测汽车装用的轮胎必须是原厂制造，且为该车型指定的型式之一，不得使用任一部分花纹深度低于 1.6 mm 的轮胎。必须将轮胎充至厂定的空载状态气压。

在开始测量之前，被测汽车的技术状况应符合该车型的技术条件，特别是该车的加速性能应符合 GB/T 12534—1990 的有关规定，例如，发动机温度、调整、燃油、火花塞等。

如果汽车有两个或更多的驱动轴，测量时应采用道路上行驶常用的驱动方式。

如果汽车装有带自动驱动机构的风扇，在测量期间应保持其自动工作状态。如果该车装有诸如水泥搅拌器、非制动系统用的空气压缩机等设备，测量期间不要启动。

（3）汽车挡位选择。

① 手动变速器。

对于 M_1 和 N_1 类汽车，若变速器的前进挡数量小于等于 4 个时，应用第二挡进行测量；若变速器的前进挡数量大于 4 个时，应分别用第二挡和第三挡进行测量。

如果用第二挡测量时，汽车尾端通过 BB' 线时发动机转速超过了发动机额定转速（S），则应逐次降低接近 AA' 线时发动机的稳定转速（N_A），每次降低 S 的 5%，直到通过 BB' 线时的发动机转速不再超过 S。如果 N_A 降到了怠速，通过 BB' 线时的转速仍超过 S，则只用第三挡测量。

但是，对于前进挡多于 4 个并且发动机额定功率大于 140 kW，且额定功率/总质量之比大于 75 kW/t 的 M_1 类汽车，假如该车用第三挡，其尾端通过 BB' 线时的速度大于 61 km/h，则只用第三挡测量。

对于除 M_1 和 N_1 类以外的汽车，前进挡总数为 X 的汽车，应该用等于或大于 X/n 的各挡分别进行测量。对于发动机额定功率不大于 225 kW 的汽车，取 $n=2$；对于额定功率大于 225 kW 的汽车，取 $n=3$。若 X/n 不是整数，则应选择高一级挡位。从第 X/n 挡开始逐渐升挡测量，直到该车在某一挡位下尾端通过 BB' 线时发动机转速第一次低于额定转速时为止。

例如：如果该车主变速器有 8 个速比，副变速器有 2 个速比，则传动系共有 16 个挡位。如果发动机的额定功率为 230 kW，$\left(\dfrac{X}{n}\right)=\dfrac{8\times2}{3}=\dfrac{16}{3}=5\dfrac{1}{3}$，则开始测量的挡位就是第 6 挡，下一个测量挡位就是第 7 挡，等等。

② 自动变速器。

如果该车的自动变速器装有手动选挡器，则应使选挡器处于制造厂为正常行驶而推荐的位置来进行测量。

（4）接近速度的确定。

① 手动变速器。

接近 AA' 线时的稳定速度确定方法如下：

a. 50 km/h；

b. 对于 M_1 类和发动机功率不大于 225 kW 的其他各类汽车：$(3/4)S$；

c. 对于 M_1 类以外的且发动机功率大于 225 kW 的各类汽车：$(1/2)S$。

② 自动变速器。

对于有手动选挡器的汽车，其接近速度按手动变速器车辆噪声的测定来确定。

如果该车的自动变速器有两个或更多的挡位，在测量中自动换到了制造厂规定的在市区正常行驶时不使用的低挡（包括慢行或制动用的挡位），则可采取以下任一措施：

a. 将接近速度提高，最大到 60 km/h，以避免换到上述低挡的情况；

b. 保持接近速度为 50 km/h，加速时将发动机的燃油供给量限制在满负荷所需的 95%。以下操作可以认为满足这个条件：对于点燃式发动机，将节气门开到全开角度的

90%；对于压燃式发动机，将喷油泵上供油位置控制在其最大供油量的 90%。

c. 装设防止换到上述低挡的电子控制装置。

对于无手动选挡器的汽车，应分别以 30 km/h、40 km/h、50 km/h(如果该车道路上最高速度的 3/4 低于 50 km/h，则以其最高速度 3/4 的速度)的稳定速度接近 AA' 线。

(5) 加速行驶操作。

汽车应以上述规定的挡位和稳定速度接近 AA' 线，其速度变化应控制在 ±1 km/h 之内；若控制发动机转速，则转速变化应控制在 ±2% 或 ±50 r/min 之内(取两者中较大值)。

当汽车前端到达 AA' 线时，必须尽可能地迅速将加速踏板踩到底，并保持不变，直到汽车尾端通过 BB' 线时再尽快地松开踏板。

汽车应直线加速行驶通过测量区，其纵向中心平面应尽可能接近中心线 CC'。

如果该车是由牵引车和不易分开的挂车组成的，则确定尾端通过 BB' 线时不考虑挂车。

(6) 声级测量。

在汽车每一侧至少应测量四次。应测量汽车加速驶过测量区的最大声级。每一次测得的读数值应减去 1 dB(A) 作为测量结果。如果在汽车同侧连续四次测量结果相差不大于 2 dB(A)，则认为测量结果有效。将每一挡位(或接近速度)条件下每一侧的四次测量结果进行算术平均，然后取两侧平均值中较大的作为中间结果。

(7) 汽车最大噪声级的确定。

① 对应于手动挡车辆中，变速器前进挡不多于 4 个的 M_1 和 N_1 类车，直接取中间结果作为最大噪声级。

② 对应于变速器前进挡多于 4 个的 M_1 和 N_1 类车，如果用了第二挡和第三挡测量时，取两挡中间结果的算术平均值作为最大噪声级。如果只用了第三挡测量时，则取该挡位的中间结果作为最大噪声级。

③ 对应于 M_1 和 N_1 以外的车辆，取发动机未超过额定转速的各挡中间结果中的最大值作为最大噪声级。

④ 对应于有手动挡的自动挡车辆，取中间结果作为最大噪声级。

⑤ 对应于无手动挡的自动挡小汽车，取各速度条件下中间结果中的最大值作为最大噪声级。

如果按上述规定确定的最大噪声级超过了该车型允许的噪声限值，则应在该结果对应的一侧重新测量四次，此四次测量的中间结果应作为该车型的最大噪声级。

应将最大噪声级的值按有关规定修约到一位小数。

6. 测量记录与结果评价

(1) 测量记录。

有关被测汽车和测量仪器的技术参数、测量条件和测量结果等数据都应填写在表 1-37 中。测量中其他需要说明的情况，应填写在"其他说明"一栏中。

表 1－37　汽车加速行驶车外噪声测量记录表

测量日期：_____　测量地点：_____　路面状况：_____

天气：_____　　气温(℃)：_____　风速(m/s)：_____

汽车：型号 _____　出厂日期 _____　已驶里程(km) _____

额定载客人数或最大质量(kg) _____　汽车分类(M$_{1\sim3}$，N$_{1\sim3}$) _____

发动机：型式 _____　型号 _____

额定功率(kW) _____　额定转速(r/min) _____

变速器：型号 _____　前进挡位数 _____　型式(手动、自动或其他) _____

声级计：型号 _____　准确度等级 _____　检定有效日期 _____

校准器：型号 _____　准确度等级 _____　检定有效日期 _____

校准值：测量前(dB) _____　测量后(dB) _____　背景噪声(dB) _____

转速(车速)仪：型号 _____　准确度 _____　检定有效日期 _____

温度计：型号 _____　准确度 _____　检定有效日期 _____

风速仪：型号 _____　准确度 _____　检定有效日期 _____

选用挡位或车速	次数		发动机转速或车速 /(r/min，km/h)		测量结果 /dB(A)	各侧平均值 /dB(A)	中间结果 /dB(A)	备注
			入线	出线				
	左侧	1						
		2						
		3						
		4						
	右侧	1						
		2						
		3						
		4						
	左侧	1						
		2						
		3						
		4						
	右侧	1						
		2						
		3						
		4						

汽车加速行驶最大噪声级/dB(A)：　　驾驶员：　　测量人员：

其他说明：

（2）结果评价。

汽车加速行驶时，其车外最大噪声级不应超过《汽车加速行驶车外噪声限值及测量方法》(GB 1495—2002)规定的限值。

汽车加速噪声的测量

02

第 2 章　电磁辐射污染的监测

知识基础 2.1　　电磁辐射污染

2.1.1　电磁辐射污染

电磁辐射污染是指人类使用产生电磁辐射的器具而泄漏的电磁能量传播到环境中，超出环境本底值，且其性质、频率、强度和持续时间等综合影响引起周围人群的不适，使人体健康和生态环境受到损害的现象。

2.1.2　电磁辐射污染的来源

电磁场源主要包括两大类：天然电磁场源和人工电磁场源。

天然电磁场源是指由自然现象引起的电磁辐射，也称为宇宙辐射，包括地球的热辐射、太阳热辐射、宇宙射线和雷电等。其中最常见的是雷电，其本质是大气层中的电荷积累导致的火花放电现象。总体而言，天然电磁辐射的强度一般对人类的影响较小。然而，在特定情况下，如强烈的雷电活动，可能会对人畜和电子设备造成伤害。天然电磁辐射在电磁频谱中对短波的干扰尤其明显。常见的天然电磁场分类及来源见表 2-1。

表 2-1　常见的天然电磁场分类及来源

分　类	来　源
大气与空气电磁场源	自然界的火花放电、雷电、台风、火山喷发等
太阳电磁场源	太阳的黑子活动与黑体放射等
宇宙电磁场源	银河系恒星的爆发、宇宙间电子移动等

人为电磁辐射是人工制造的电子设备和设施产生的电磁辐射。常见的人为电磁辐射污染源有广播、电视、雷达、通信基站以及工业、科学、医疗和日常生活中使用的电磁设备

等。按频率不同，人为电磁辐射污染源又可分为放电所致场源、工频感应场源与射频感应场源。在工频感应场源中，以大功率输电线路所产生的电磁污染为主；射频感应场源主要是指在工作过程中产生电磁感应与电磁辐射的无线电设备或射频设备。人为电磁场分类及常见来源见表 2-2。

表 2-2 人为电磁场分类及常见来源

分　类		设备名称	污染来源与部件
放电所致场源	电晕放电	电力线（送配电线）	高电压、大电流而引起静电感应、电磁感应；大地泄漏电流
	辉光放电	放电管	白炽灯、高压汞灯及其他放电管
	弧光放电	开关、电气铁道、放电管	点火系统、发电机、整流器
	火花放电	电气设备、发动机、冷藏车、汽车	发电机、整流器、点火系统、放电管
工频感应场源		大功率输电线、电气设备、电气铁道、无线电发射机、雷达	高电压、大电流的电场、电气设备、广播、电视与通风设备的振荡与发射系统
射频感应场源		高频加热设备、热合机、微波干燥机	工业用射频利用设备的工作电路与振荡系统
		理疗机、治疗机	医学用射频利用设备的工作电路与振荡系统

如果根据辐射源的规模大小对人为辐射进行分类，它还可以分为城市杂波、建筑物杂波和单一杂波三种类型。

城市杂波辐射是指即使在附近没有特定的人为辐射源，也可能有发生于远处多数辐射源合成的杂波。城市杂波辐射与各种辐射源的电波波形和产生机构之间关系不显著，但其与城市规模、电器的广泛使用、文化活动、生产服务以及家用电器等因素之间存在直接的正比例关系。在我国，城市杂波辐射被视为环境电磁辐射，它是评估城市环境质量的一个重要指标，同时也是城市规划和治理等方面的重要依据。

在变电站所、工厂厂房和大型建筑物以及构筑物中，多数辐射源会产生一种杂波，这种来自上述建筑物的杂波称为建筑物杂波。

单一杂波辐射是指特定的电器设备工作产生的杂波辐射。不同设备和装置产生的单一杂波具有独特的波形和强度，其主要成分是工业、科研、医疗设备的电磁辐射。这些设备产生的电磁辐射受到多个因素的影响，包括设备的构造、频率、发射天线形式、设备与接收器之间的距离以及周围地形和地貌等因素。换句话说，设备的特点和环境因素会直接影响杂波的产生和干扰程度。

2.1.3　电磁辐射污染的途径

电子设备和装置运行时，会产生电磁辐射能。以电磁冶炼系统为例，它通过感应产生热量来加热物体，也就是说，将需要加热的物体放置在工作频率为 $200\sim300\ \text{kHz}$ 的电磁场中，利用涡流损耗来实现加热。感应加热设备的辐射源包括感应加热器、馈电线和高频变压器等元件，这些元件在工作时会释放出电磁辐射能，特别是高频感应加热设备，在工作时会产生强大的电磁感应场和辐射场，导致较严重的环境污染。设备的功率和频率不同，产生的电磁辐射强度和频率有很大差距，但是无论频率或波长如何，电磁波在空气中的传播速度是不变的，即 3×10^8 m/s，跟光速一致。电磁辐射的传播速度很快，然而在辐射源附近区域，电磁辐射的强度会随着距离增加而迅速衰减。

电磁辐射产生后，主要通过三种途径向外传播，进而造成环境污染，它们分别是空间辐射、导线传播和复合污染。电磁辐射的污染途径如图 2-1 所示。

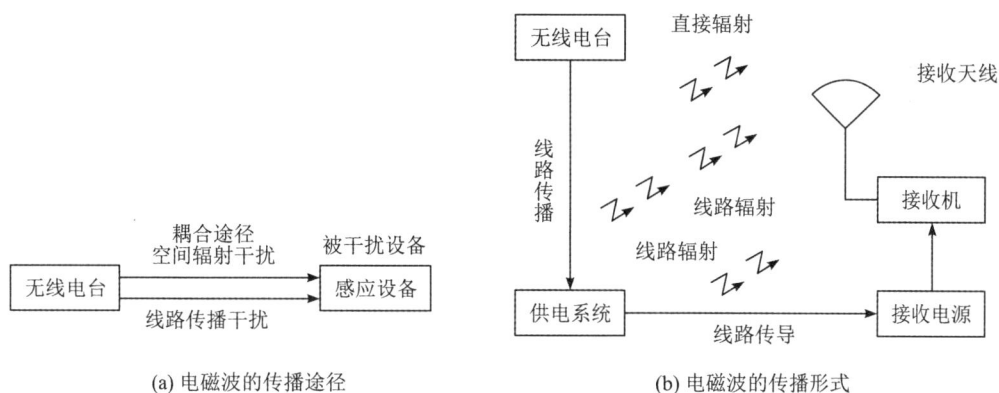

(a) 电磁波的传播途径　　　　　(b) 电磁波的传播形式

图 2-1　电磁辐射的污染途径

（1）空间辐射。设备工作产生的电磁辐射可以不需要任何介质，直接在空间中进行传播，这种传播叫作空间传播。

（2）导线传播。当射频设备与其他设备共用一个电源时，或者它们之间有电器或导线连接时，那么电磁能量就会通过连接导线进行传播。此外，信号的输出/输入电路等也能在强电磁场中"拾取"信号，并将所有"拾取"的信号再进行传播。

（3）复合污染。如果电磁辐射传播时同时存在空间辐射与导线传播，那么我们称之为复合污染。

2.1.4　电磁辐射污染的特点

1. 有用信号与污染共生

电磁辐射是把双刃剑，它既可以作为有用信号传递信息，对公众健康来讲又具有污染特性。电磁辐射污染与水、气、固废污染是不同的：在水、气、固废污染中，污染要素和环境要素本身是分开的，而电磁辐射污染的污染要素来源于其自身，因此电磁辐射污染不能单独治理。

2. 产生的污染可以预防

电磁辐射设备对环境的辐射能量密度可以根据设备性能和发射方式进行估算，因此具有可预见性。在设计阶段，可以对不同方案进行初步估算，从而比较和选择最优方案，以降低对环境的污染程度。

3. 电磁辐射与污染源同时存在

电磁辐射设备向环境发射的电磁能量可以通过改变发射功率、改变增益等技术手段来控制。电磁辐射与辐射源同时存在，相互依存，一旦断电，其污染可立即消除。

在治理电磁辐射污染时，我们需要同时兼顾电磁辐射设备的经济性能和环境保护需求，对电磁辐射设施的建设项目进行环境影响评价，确保采取合适的措施来减少辐射对环境的不良影响。

电磁辐射污染及来源　　　　　电磁辐射污染

知识基础 2.2　　电磁辐射污染的危害

在现代社会中，电磁波作为一种便捷、高效的信息传递方式给人们带来了方便，但与此同时也不可避免地增加了环境中的电磁辐射水平，导致了环境污染的问题。特别是电磁辐射设备和电气设备在工农业领域的广泛应用，进一步加剧了环境电磁辐射的程度。

一般认为，电磁辐射污染主要存在三方面的危害。首先，它会对通信系统造成干扰，影响信号的传输质量和稳定性。其次，电磁辐射对人体健康也具有潜在危害。尽管具体的影响尚需进一步研究，但高强度、长时间接触电磁辐射可能会对人体产生一定程度的影响。最后，电磁波还具有引爆和引燃物品的潜在危险，特别是在一些具有易燃、易爆等特性的环境中。因此，我们需要重视电磁辐射污染对环境和人类健康的潜在威胁。通过采取合适的措施和技术手段，我们可以有效降低电磁辐射的水平，以保护环境、保障通信系统的正常运行以及人体健康和安全。

2.2.1　电磁辐射对人体的影响与危害

电磁辐射对人体健康的危害主要是通过热效应产生的。电磁辐射作用到人体组织时，其携带的能量就会转化为热能。在电磁辐射特别强的区域（一般是指辐射功率密度大于 10 mW/cm^2 或场强在 100 V/m 以上区域），电磁辐射作用于人体产生的热量可能会超出人体的体温调节能力，引起人体体温升高、细胞分裂出错、生理功能紊乱等。电磁辐射的危害首先表现在对热比较敏感的器官以及细胞分裂、分化活跃的器官，比如人的眼睛、生殖器官、造血系统、中枢神经系统。同时，由于影响染色体的复制，电磁辐射还有致癌、致畸、致突变作用。电磁辐射对人体健康的影响，主要表现在以下几个方面。

1. 致癌作用

调查表明，长期生活在 $2 \text{ mGs}(1 \text{ Gs}=10^{-4} \text{ T})$ 以上电磁场的人群中，白血病的发病率为正常人群的 2.93 倍，癌症的发病率为正常人群的 3.26 倍。美国洛杉矶地区的研究人员曾经对儿童白血病的原因进行了研究，研究人员在儿童的房间中设置电磁辐射监控设备，发现当儿童房间中电磁辐射强度的平均值大于 2.68 mGs 时，这些儿童中白血病的发病率比一般儿童高出约 48%。另外有研究表明，在高压输电线和变电站附近电磁场较强的地方出生的婴儿，白血病的发病率增加了 2.98 倍，癌症的发病率增加了 2.25 倍。因此，我国对高压输电线路的架设高度和变电站的防护等都做了严格的规定。动物实验也得到了类似的结果：经微波作用后，大部分实验动物会出现癌症的发病率上升的现象。以上研究结果都显示，过量的电磁辐射对人和动物可能具有致癌作用，其作用原理可能是电磁辐射会促使人体内的遗传基因微粒细胞染色体发生突变和有丝分裂异常，从而使某些组织出现病理性增生过程，使正常细胞变为癌细胞。

但是，也有研究者发现，微波照射会使人体组织产热，导致癌组织中心温度上升，破坏癌细胞的增生。因此，微波可以用来进行理疗和治疗癌症。

2. 影响血液循环系统

首先，电磁辐射会影响血液成分。在电磁辐射的作用下，人体血液中白细胞和红细胞的生成受到抑制，白细胞和红细胞数量减少。例如，操纵雷达的工作人员多数会出现白细胞计数降低的现象。白细胞数量的减少会导致人体免疫功能下降。电磁辐射对血液成分的影响与很多因素有关，且与放射线有协同作用，两者联合时对血液系统的作用较单一因素作用可产生更明显的伤害。

其次，电磁辐射影响血压。这主要是因为电磁辐射导致血液流动动力学失调、血管的通透性和张力下降。微波辐射可使毛细血管内皮细胞的胞体内小泡增多，使其胞饮作用加强，导致血脑屏障渗透性增高。一般来说，这种增高对机体是不利的。

此外，由于影响了自主神经系统的调节功能，电磁辐射还会影响心脏功能。在电磁辐射的影响下，大多数人会出现心率减慢，少数人可能会出现心率加快的情况。受照射者的血压可能会出现波动，一开始会上升，然后恢复到正常水平，最终可能会偏低；迷走神经可能会过度敏感，导致更早、更容易引发心血管系统疾病的发生和发展。

3. 影响中枢神经系统

神经系统对电磁辐射的作用很敏感，受其低强度反复作用后，中枢神经机能发生改变，出现神经衰弱综合征，主要表现有头痛、头晕、无力、失眠、多梦或嗜睡、打瞌睡、易激动、多汗、心悸、胸闷、脱发等，还表现有短时间记忆力减退、视觉运动反应时间明显延长、手脑协调动作差等，尤其是入睡困难、无力、多汗和记忆力减退更为突出。这些均说明长期处于电磁环境中，大脑抑制过程占优势。

瑞典的研究发现，只要职场工作环境电磁波强度大于 2 mGs，得阿尔茨海默病的机会会比一般人高出 4 倍。美国北卡罗来纳州立大学的研究人员发现，工程师、广播设备架设人员、电厂联络人员、电线及电话线架设人员以及电厂中的仪器操作员等，死于阿尔茨海默病及帕金森病的比例较一般人高出 1.5～3.8 倍。

4. 影响内分泌系统

一般认为，电磁辐射对内分泌和免疫系统的作用有两方面，即小剂量、短时间作用会引起兴奋效应，而大剂量、长时间作用会引起抑制效应。最近有许多研究证实，电磁辐射对内分泌调节的影响主要是通过伤害松果体、抑制松果素产生发挥作用的。松果素是人体大脑中的一种重要物质，它参与调节人的生长发育、生殖代谢等生命活动，同时还能抗衰老、延长寿命、预防癌症等。1986 年，科学家做了一个实验，将老鼠暴露于电磁场中 21 天后，结果发现老鼠的松果素夜间分泌量降低了一半；暴露在电磁场中 28 天后，老鼠的松果素夜间分泌量降低了 2/3，撤离电磁场后，老鼠的松果素夜间分泌量恢复正常。这个实验使电磁辐射对内分泌的影响得到了证实。

5. 影响视觉系统

眼球组织含水量丰富，容易吸收电磁辐射。由于眼球血流量较少，修复能力差，当受到电磁辐射时，眼球温度容易升高。这种温度上升可能导致晶状体蛋白质凝聚，引发白内障。基于以上原因，即使是低强度的微波辐射，也可能加速晶状体的老化和混浊，导致视力问题，如视野缩小和暗适应时间延长，从而可能引起视觉障碍。此外，长期接触低强度电磁辐射还可能会导致视觉疲劳、眼部不适和干燥等问题。在较高强度的微波辐射下，眼睛产生的危害更为明显。对眼睛施加 $100~\text{mW/cm}^2$ 强度的微波辐射几分钟就可能导致晶状体水肿，严重情况下可导致白内障。更高强度的微波辐射甚至可能导致完全失明。

6. 影响生殖和遗传

有调查研究表示，长期接触超短波发生器，男性和女性的生殖系统的功能均会产生不良影响。这主要是因为，一方面，男性睾丸的血液循环不良，血液流量小，因此对电磁辐射非常敏感；另一方面，高强度的电磁辐射会产生遗传效应，使睾丸染色体出现畸变和有丝分裂异常、精子生成受到抑制而影响生育。对女性来说，电磁辐射会使卵细胞变性，破坏排卵过程，而使女性失去生育能力。此外，世界卫生组织指出，电磁辐射对胎儿有害，孕妇尤其应避免接触，以免影响胎儿健康。这是因为，与成年人相比，胎儿发育过程中的细胞分裂和分化更频繁，其在电磁辐射影响下出现染色体变异和分裂异常的概率更大，因而其对有害因素更为敏感。孕妇在怀孕期的前三个月尤其要避免接触电磁辐射。孕妇在妊娠前或者妊娠早期，接受短波电磁辐射会使出生缺陷率上升。如果是在胚胎形成期受到电磁辐射，有可能导致流产；如果是在胎儿的发育期受到辐射，则可能损伤中枢神经系统，导致婴儿智力低下。最新调查显示，我国每年出生的 2000 万名婴儿中，有 35 万名为缺陷儿，其中 25 万名智力残缺，有专家认为，电磁辐射也是影响因素之一。

电磁辐射对人体的危害是一种长期积累的结果，我们只要了解电磁场的设备产生电磁辐射的性能和特点，尽早采取防护措施，就可以避免电磁辐射对人体的危害，或将危害减小到最低程度。

2.2.2 电磁辐射对仪器装置和设备的影响

除了对环境和生物体构成危害外，电磁辐射还会干扰各种通信设备和精密仪器，并且可能引发火灾或爆炸事故。

1. 干扰通信和其他电子设备

射频设备和广播发射机的电磁泄漏，以及电源线、馈线和天线等辐射出的电磁能量，不仅会影响周围操作人员的健康，还可能干扰区域内各种电子设备的正常运行。例如，无线电通信、无线电测量、雷达导航、电视、电子计算机以及医疗设备等电子系统都会受到影响，导致通信信息错误或中断，仪器和设备无法正常工作。一旦发生信号干扰，可能产生灾难性的后果：可能导致铁路信号错误，飞机飞行指示错误，甚至导致导弹或人造卫星失控。当电视机受到射频辐射干扰时，画面可能出现活动波纹、雪花等问题，严重时甚至无法正常观看。

2. 损坏通信电子设备

高强度电磁辐射会永久性地损坏通信电子设备，主要影响电路器件，如三极管、二极管等。损坏程度取决于辐照类型、电平和时间、受辐射器件或零件、电磁场性质等因素。导致射频能量损害设备的机理是复杂的，可能是设备的电子元件直接受热，或者产生了感应电压或电流从而导致了损坏。固态电路对电压和电流变化极为敏感，晶体管击穿阈值仅为 $10^{-4} \sim 10^{-6}$。因此，诸如旋转或扫描天线等产生的辐射就有潜在的危险。继电器触点、天线耦合器等元件可能因感应高电压而引起电弧和电晕放电而损坏。

近期，关于医疗设备的调查显示，像心脏起搏器、助听器以及其他人工测量仪器这类设备对电磁场非常敏感。举例来说，心脏起搏器可能会因射频发射机的影响而无法正常产生心脏起搏脉冲。心脏起搏器即使是暂时停止工作或损坏也可能导致患者死亡。这绝对不是耸人听闻，美国就曾经发生过一起因电磁干扰使心脏起搏器失灵而导致的病人死亡事件。鉴于目前这些设备受到有害电磁辐射的标准尚未建立，最安全的做法是不让使用这类设备的人员接触强电磁辐射的环境，对使用该类设备的场所施行电磁屏蔽，或者采用穿戴屏蔽防护服的措施。

3. 引发爆炸和火灾

挥发性液体和气体，例如酒精、煤油、液化石油气等易燃物质，在高电平电磁感应和辐射作用下，可发生燃烧现象，特别是在静电危害方面尤为突出。正是这个原因，在加油站是禁止使用手机拨打电话的。

根据长期的电磁辐射管理和监测数据，我国大部分环境中的电磁辐射水平都基本保持在本底值的涨落范围内。因此，对于一些常见的家用、办公电子设备，例如微波炉、手机、电冰箱、电视机、打印机等，只要是正规厂家生产的合格产品，其电磁辐射均符合标准限值的要求，人们无须过度担心。但是，在一些大型电磁辐射设施周围，也有超标严重的情况。对于这些设施，要采取相应的监督和管理措施，以消除污染。

电磁辐射的危害　　　电磁辐射污染的危害

知识基础 2.3　　电磁辐射知识基础 *

2.3.1　电场与电场强度

电荷的周围存在着一种特殊的物质，这种物质叫作电场。两个电荷之间的相互作用并不是电荷之间的直接作用，而是通过电场发生作用的。无论电荷是静止的还是运动的，周围总存在电场力。电场力和电荷与电场是密不可分的整体。当电荷静止时，电场也是静止的，形成静电场；而当电荷运动时，周围的电场也在变化，形成动电场。起电过程就是建立电场的过程，举例来说，当我们摩擦梳子时，使得梳子带电，即产生了电荷，而这个带电的梳子周围的电场能够吸引小纸屑，这个现象说明在带电的梳子周围存在电场的作用。

电场的强弱用电场强度（E）来表示，它是一个矢量，不仅表示电场中各个点电场的强弱，而且表示了电场的方向。电场强度的大小表示单位电荷在电场中所受到的力的大小。如果一个电荷在电场中受到的力很大，那么这个地方的电场就很强；相反，如果受力较小，则电场较弱。另外，距离带电体越近的地方，电场越强；而距离越远的地方，电场则越弱。

电场强度通常以千伏每米（kV/m）、伏特每米（V/m）、毫伏每米（mV/m）、微伏每米（μV/m）等单位表示。输电线路和高压电器设备附近的工频电场强度一般以 kV/m 表示；而家用电器设备周围，电场强度相对较低，通常以 V/m 表示。另外，电场强度也可以用分贝（dB）来表示，这种表示方法常用于描述电磁辐射干扰的大小。

2.3.2　磁场与磁场强度

磁场是由电流在通过的导体周围产生的具有磁力作用的场。当导体中流动的电流是直流时，产生的磁场是恒定不变的；而当电流是交流时，磁场则会随之变化。电流的频率越高，磁场变化的频率也越高。

磁场的强弱用磁场强度来表示，它也是一个矢量。磁场强度的大小，在某点上指的是单位磁极在该点上受到的力的大小，常用的单位包括安培/米（A/m）、毫安培/米（mA/m）、微安培/米（μA/m）。

2.3.3　电磁场

任何交流电路周围都存在着交变的电磁场。交变磁场会产生新的交变电场，两者相互作用、方向相互垂直，并与它们的传播方向垂直。这种相互作用、交替产生的、具有电场与磁场作用的物质空间称为电磁场。电磁场的频率与交流电的频率相同。

值得注意的是，静止的电场和静止的磁场不能被称为电磁场，因为它们各自独立地发生作用，它们之间没有关系。真正的电磁场由交变的电场和交变的磁场组成，它们相互作用、相互维持。这种相互联系解释了电磁场在空间中的运动原理。电场的变化会在导体及周围空间产生磁场，而由于电场不断变化，所产生的磁场也随之变化。这种变化的磁场又会在其周围产生新的电场，电磁场就这样不断地振荡。因此，电磁场是一个振荡过程，电磁波本身具有能量，并会向空间辐射能量。

不同于实物，电磁场是一种特殊的物质形态，它与实物相比存在着几个关键的不同点：① 空间特性——电磁场弥漫于整个空间，没有固定的形状和体积，与实物具有明显的区别；② 叠加性——不同于实物的不可叠加性，电磁场具有叠加性，这意味着在同一空间内可以同时存在多种不同的电磁场；③ 感知性——实物可以通过人的感官来感知，而电磁场因其本质的特殊性无法被看到、触摸或嗅到；④ 速度——电磁波在真空中的速度等于光速，远远快于大多数实物的运动速度；⑤ 能量特性——电磁场具有能量，并遵守能量守恒定律，因此能够从一种形式转化为另一种形式，但不能创造或消灭能量。这些不同之处凸显了电磁场作为一种特殊的物质形态的独特性质。

2.3.4　电磁辐射与电磁波

电磁辐射是指能量以电磁波的形式由源发射到空间的现象。

电磁场由近及远，相互垂直，并以与自己的运动方向垂直的一定速度在空间中传播，在其传播过程中不断地向周围空间辐射能量，此能量称为电磁辐射，也称为电磁波。电磁波的产生原理如图 2-2 所示。

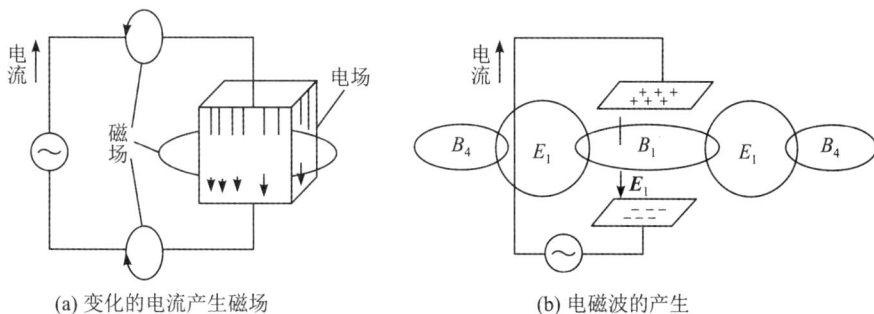

(a) 变化的电流产生磁场　　　　(b) 电磁波的产生

图 2-2　电磁波的产生原理

电磁波是一种波，因而，它具有波的相关性质。

1. 电磁波的波长(λ)

波长是电磁波在完成一个周期的时间内所经过的距离，其单位为 m、μm 或 nm 等。

2. 电磁波的波速(c)

电磁波通过介质的传播速度与介质的电和磁的特性有关，如介质的介电常数和磁导率。在空气中，电磁波的传播速度是 3×10^8 m/s。

3. 电磁波的频率(f)和周期(T)

在交流电中，电子在导线内不断振动。它们往返运动，从一个方向到另一个方向再返回原点，这一往复运动称为一次完整的振动。一个周期是完成一次完整振动所需的时间。

频率则表示每秒电流在导体内振动的次数，以赫兹(Hz)或每秒(s^{-1})作为单位。微波的频率通常很高，以千赫兹(kHz)、兆赫兹(MHz)或千兆赫兹(GHz)为单位。电磁波的频率与其传播距离有关，要实现远距离传播，需要具有很高的振荡频率。

电磁波在空气中的波长和频率的关系可简化为

$$\lambda=\frac{c}{f} \tag{2-1}$$

频率越高，波长就越短，两者是成反比例的。

电磁场与电磁波

2.3.5 射频电磁场

工频交流电的频率在 50 Hz 左右，其形成的电磁场为工频电磁场，当交流电的频率超过 10^5 Hz 时，周围就会形成高频的电场和磁场，这称为高频电磁场，也叫射频电磁场。无线电广播、电视信号以及微波、射频设备发射的电磁辐射一般属于射频电磁辐射。通常，射频电磁辐射按频率可划分为不同的频段，见表 2-3。

表 2-3   电磁场的频段

名　称	符　号	频　率	波　长
甚低频（甚长波）	VLF	30 kHz 以下	10 km 以上
低频（长波）	LF	30～300 kHz	1～10 km
中频（中波）	MF	300～3000 kHz	100～1000 m
高频（短波）	HF	3～30 MHz	10～100 m
甚高频（超短波）	VHF	30～300 MHz	1～10 m
特高频（分米波）	UHF	300～3000 MHz	10～100 cm
超高频（厘米波）	SHF（微波）	3000～30 000 MHz	1～10 cm
极高频（毫米波）	EHF	30 000～300 000 MHz	1～10 mm
至高频（亚毫米波）	THF	>300 000 MHz	<1 mm

无线电波的波长为 $10^{-3}\sim10^4$ m。继无线电波之后为红外线、可见光、紫外线、X 射线，大致划分如图 2-3 所示。

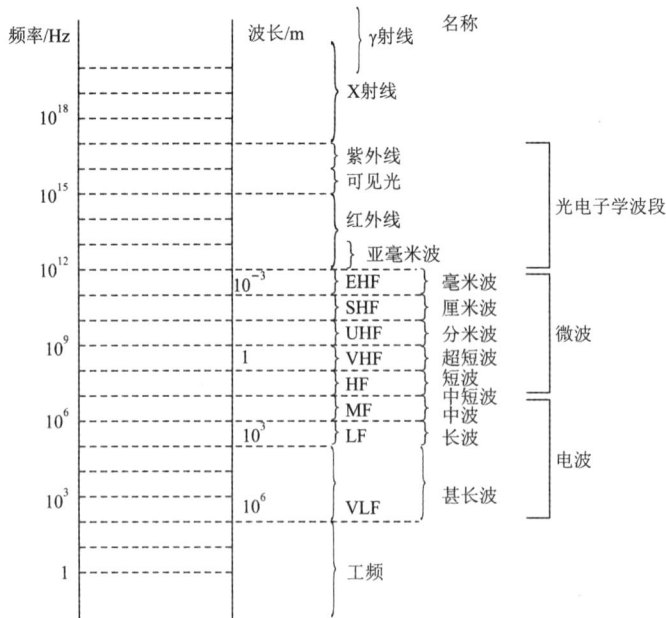

图 2-3   电磁波频谱图

1. 射频电磁场的分类

射频电磁场的发生源周围有两个作用场存在,即近区场和远区场。

近区场是指以场源为中心,在 1 个波长范围之内的区域。由于近区场的作用方式为电磁感应,因此它又称作感应场。近区场具有如下特点:

(1) 电场强度 E 与磁场强度 H 的大小没有确定的比例关系。

(2) 近区场电磁场强度要比远区场电磁场强度大得多,而且近区场电磁场强度比远区场电磁场强度衰减速度快。

(3) 近区场电磁感应现象与场源密切相关,近区场不能脱离场源而独立存在。

以场源为中心,在 1 个波长之外的区域称远区场。它以辐射状态出现,所以也称辐射场。远区场的特点如下:

(1) 远区场以辐射形式存在,电场强度与磁场强度之间具有固定关系。

$$E = 120\pi H \approx 377H \tag{2-2}$$

E 与 H 相互垂直,而且又都与传播方向垂直。

(2) 远区场已经脱离了场源而按自己的规律运动。

(3) 远区场电磁辐射强度衰减比近区场要慢。

近区场和远区场的比较分析见表 2-4。

表 2-4　近区场和远区场的比较分析

项　目	近 区 场	远 区 场
定义	以场源为中心,在 1 个波长范围之内的区域	以场源为中心,在 1 个波长之外的区域
作用方式	电磁感应	电磁辐射
电场强度和磁场强度的关系	没有确定的比例关系	有确定的比例关系
与场源的关系	不能脱离场源存在	脱离场源,按照自己的规律运动
随距离衰减速度	近区场电磁场强度比远区场大得多,但是衰减速度更快	

2. 场强影响参数

射频电磁场强度与许多因素有关,主要包括功率、与场源的距离、屏蔽与接地、空间内有无干扰体 4 个场强影响参数。

(1) 功率。场源的功率与电磁场强度成正比,功率越大,其辐射强度越高;反之,功率越小,其辐射强度越低。

(2) 与场源的距离。一般而言,随着距离加大,场强迅速衰减。例如,在某设备的操作台附近,场强为 $170 \sim 240$ V/m;距操作台 0.5 m 后,场强衰减到 $53 \sim 65$ V/m;距操作台 1 m 后,场强衰减为 $24 \sim 31$ V/m;距操作台 2 m 后,场强衰减到极小值。

(3) 屏蔽与接地。屏蔽与接地是防止电磁泄漏的主要手段。屏蔽与接地的程序不同,直接影响辐射强度的大小和空间分布的均匀性。加强屏蔽与接地可以显著降低电磁辐射场强。

(4) 空间内有无干扰体。金属体是良导体,在电磁场作用下易产生涡流,导致新的电磁辐射产生。这种叫作二次辐射的现象会增加空间某些区域的场强。例如，某短波设备附近有暖气片，二次辐射使得场强增大至 220 V/m。因此，在射频工作环境中，应尽量减少金属天线和物体，以防止二次辐射的发生。

射频电磁辐射

知识基础 2.4　电磁辐射的检测技术

2.4.1　电磁污染的调查

1. 调查内容

电磁污染的调查内容主要应包括污染源调查、辐射强度测量和电视信号干扰调查。

（1）污染源调查：了解主要人为电磁污染源的种类、数量和使用情况，特别是射频设备的电磁场泄漏、感应和辐射情况。

（2）辐射强度测量：对主要污染源的辐射强度进行测量，探究工作环境中的电磁场分布及生活环境中的电磁污染水平对人体的影响。这有助于确定射频设备的辐射水平和治理重点。

（3）电视信号干扰调查：在调查初期，重点关注电磁辐射对电视信号的干扰情况。以已确定的污染源为中心，选取东、西、南、北 4 个方向，每个方向间隔 10 m 选择一个调查点。深入到各个调查点，详细了解电视接收情况，包括图像和伴音是否受到干扰。

2. 调查程序

电磁污染的调查程序主要应包括设计调查表并调查、定点测量、数据整理与综合分析、绘制辐射图。

（1）设计调查表并调查：设计不同类型的调查表，并进行实地调查。这些调查表需要包括污染源的信息、场强测量、干扰情况等相关内容。

（2）定点测量：在特定位置进行场强测量，包括在不同距离、方向和高度进行测量。通过这些定点测量数据，了解电磁场的分布情况。

（3）数据整理与综合分析：对测试数据进行整理，并进行综合分析。将场强测试结果按照强度大小和频率高低进行分类整理，进而研究场强与距离、频率及时间变化之间的关系。

（4）绘制辐射图：根据综合分析的结果，绘制辐射图。这些图表展示了不同区域的电磁辐射分布情况，以及场强随时间和频率变化的特性。

2.4.2　电磁污染的监测方法

1. 一般电磁环境的测量

一般电磁环境的测量可以采用方格法布点。这种方法以主要的交通干线作为基准线，将要测量的区域划分成 1 km×1 km 的方格，原则上选择每个网格的中心点作为测试点，以该点的测量值代表该方格区域内的电磁辐射水平。实际选择测试点时，还应该考虑附近地形、地物的影响。测试点应选在比较平坦、开阔的地方，尽量避开高压线和其他导电物体，避开建筑物和高大树木的遮挡。由于一般电磁环境是指该区域内电磁辐射的背景值，因此测量点应避开大功率辐射源的干扰。

为了监测某一区域(如城市市区)的电磁辐射水平，我们可以将该区域划分为许多方格小区(通常是几十到一百多个)。然而，在每个方格小区设置监测点是一项繁重且不必要的任务。我们可以采用"人口密度加权"和"辐射功率加权"的方法来选择一些具有代表性的小区作为监测点。这样既可以减少监测工作量，又可以确保监测结果能够充分代表整个区域的电磁辐射水平。具体方法如下：

用网格法把被测区域划分为 1 km×1 km 的方格小区，统计每个小区中的人口密度和辐射源的数量及其有效辐射功率。有效辐射功率的计算方法如下：

(1) 若本小区内有广播电视发射天线、通信设备，则辐射功率按以上污染源的 100% 计算。

(2) 若相邻小区有广播电视发射天线，则应加上发射天线辐射功率的 10%。

(3) 若本小区内有雷达，则按照雷达的平均辐射功率计算。

(4) 工业、科学、医疗等射频设备泄漏的辐射功率只占其输出功率的很小一部分。对于 300 kHz 以下的低频设备，辐射功率按其输出功率的 0.01% 计算；对于 20 MHz 左右的高频设备，辐射功率按其输出功率的 5% 计算；微波设备辐射比较强，可按照屏蔽情况估算泄漏的辐射功率。

计算每个方格小区内的人口密度加权系数，公式为

$$m = \frac{该小区内人口数量}{被测区域内平均人口数量}$$

计算每个方格小区内的辐射功率加权系数，公式为

$$n = 1 + \frac{该小区内辐射功率}{被测区域内平均辐射功率}$$

各小区的加权系数定义为

$$a_i = m \times n$$

加权系数平均值为 $\bar{a} = \dfrac{\sum\limits_{1}^{N} a_i}{N}$ ，公式中 N 为方格小区的个数。

如果满足 $a_i \leqslant C\bar{a}$ ，则该小区可以设置监测点。该公式中，C 为选择系数，可根据具体情况确定。

2. 污染源周围电磁环境的测量

对工业、科研和医用射频设备的辐射强度进行测量，主要目的是了解这些污染源对周围环境的影响，因而监测方法与一般电磁环境不尽相同。工业、科研和医用射频设备产生的污染主要源自它们在工作过程中产生的电磁辐射，因此，针对这类设备的辐射强度测量通常可以一次性完成。具体的测量方法如下：当设备处于工作状态时，以辐射源为中心，确定东、南、西、北、东北、东南、西北、西南 8 个方向（间隔 $45°$ 角），根据不同类型的辐射源分别在 8 个方向上选择不同的距离作为测点。在近区场可以分别选取 10 cm、0.5 m、1 m、2 m、3 m、10 m、50 m 作为测定距离，在远区场可以选择 3 m、11 m、30 m、50 m、100 m、150 m、200 m、300 m 作为测定距离。对于定向辐射源，可在最大辐射方向上按照上述方法布点，在辐射范围外减少布点。

3. 输变电工程电磁环境的测量

输变电工程包括交流输变电工程和直流输电工程。输变电工程电磁辐射的监测主要包括对输电线路的监测，对换流站、变压器的监测以及对敏感建筑物的监测。在监测时，监测点应优先考虑地势平坦、远离树木以及不受其他电力线路、通信线路和广播线路影响的空地。

输电线路的监测点应选择在档距间极导线弧垂最低位置的横截面投影线上。监测时两相邻监测点间的距离一般取 5 m，在监测最大值时，两相邻监测点间的距离可取 2 m，一般监测至距离极导线对地投影外 50 m 处即可。对于换流站，合成电场监测点应布置在各侧围墙外距离围墙 5 m 处，在垂直于围墙的方向上布置，两相邻监测点间的距离可取 5 m，一般监测至距离围墙 50 m 处。对敏感建筑物的监测，若在建筑物外监测，则合成电场监测点应布置在建筑物靠近直流输电工程侧，且距离建筑物不小于 1 m 处；若在建筑物内监测，则在建筑物的阳台或用于居住、工作或学习的平台处监测，应在距离墙壁或其他固定物体不小于 1 m 的区域内布点，但不宜布设在需借助工具（如梯子）或采取特殊方式（如攀爬）到达的位置。

针对不同类型的架空输电线路和地下输电线缆，具体的监测布点可依据《交流输变电工程电磁环境监测方法（试行）》（HJ 681—2013）、《直流输电工程合成电场限值及其监测方法》（GB 39220—2020）执行。

电磁污染源的调查以及电磁辐射的检测方法   电磁辐射的测量

2.4.3　电磁污染的测量仪器

根据测量场所，电磁辐射的测量可以分为作业环境的测量、特定公众暴露环境的测量和一般公众暴露环境的测量。根据测量参数，电磁辐射的监测又包括电场强度监测、磁场强度监测以及电磁场功率通量密度监测等。为了获得最佳的测量结果，不同类型的测量需要选用不同类型的仪器。电磁辐射的测量仪器有非选频式宽带电磁辐射监测仪和选频式电磁辐射监测仪两类。

1. 非选频式宽带电磁辐射监测仪

非选频式宽带电磁辐射监测仪是指在其频率范围内，对所有频率点上的场强进行综合测量，并具有各向同性响应特性的仪器。为了确保环境监测的质量，这类仪器应符合 HJ/T 10.2—1996 的规定，对其电性能基本要求见表 2-5。

表 2-5　非选频式宽带电磁辐射监测仪电性能基本要求

项　　目	指　　标	
频率响应	800 MHz～3 GHz	±1.5 dB
	<800 MHz 或>3 GHz	±3 dB
动态范围	探头的下检出限≤1.1×10^{-4} W/m²(0.2 V/m) 且上检出限≥25 W/m²(100 V/m)	
各向同性	应对整套监测系统评估其各向同性，各向同性≤1 dB	

2. 选频式电磁辐射监测仪

选频式电磁辐射监测仪是指能够对仪器频率范围内的部分频谱分量进行接收和处理的电磁辐射监测仪。根据具体监测需要，可选择不同量程、不同频率范围的选频式电磁辐射监测仪，这类仪器应符合 HJ/T 10.2—1996 的规定，对其电性能基本要求见表 2-6。

表 2-6　选频式电磁辐射监测仪电性能基本要求

项　　目	指　　标
测量误差	<3 dB
频率误差	<被测频率的 10^{-3} 数量级
动态范围	最小场强≤7×10^{-6} W/m²(0.05 V/m) 最大场强≥25 W/m²(100 V/m)
各向同性	在其测量范围内，探头的各向同性≤2.5 dB

2.4.4　电磁辐射的测量范围

电磁辐射的测量范围与待测电磁辐射设备的种类和辐射功率有关，具体可参照表 2-7。

表 2 - 7　电磁辐射设备的防护测量范围

电磁辐射设备	防护测量范围	
功率 $P>200$ kW 的发射设备	以发射天线为中心、半径为 1 km 的范围；若最大辐射场强点处于 1 km 外，则范围扩大至最大场强处，直至场强低于标准限值为止	
100 kW<功率 $P\leqslant200$ kW 的发射设备	以天线为中心、半径为 1 km 的范围	对于有方向性的天线，范围可以从天线辐射主瓣的半功率角内扩大到 0.5 km；如有高层建筑的部分楼层进入天线辐射主瓣的半功率角内时，应选择不同高度对这些楼层进行室内或室外场强测量
功率 $P\leqslant100$ kW 的发射设备	以天线为中心、半径为 0.5 km 的范围	
工业、科研和医用电磁辐射设备	以设备为中心、半径为 250 m 的范围	
高压输电线路和电气化铁道	以有代表性为准，对具体线路做认真详尽分析后，确定其具体范围	
可移动式电磁辐射设备	一般按移动设备载体的移动范围来确定；对于可能进入人口稠密区的陆上可移动设备，还需考虑对公众的影响来确定其具体范围	

电磁辐射测量的仪器和范围

知识基础 2.5　电磁辐射污染的评价标准

2.5.1　电磁环境控制限值

为了贯彻《中华人民共和国环境保护法》，加强电磁环境管理，保障公众健康，我国在对《电磁辐射防护规定》(GB 8702—88)和《环境电磁波卫生标准》(GB 9175—88)进行整合的基础上，制定了《电磁环境控制限值》(GB 8702—2014)。该标准规定了电磁环境中控制公众暴露的电场、磁场、电磁场(1 Hz～300 GHz)的场量限值、评价方法和相关设施(设备)的豁免范围。该标准适用于电磁环境中公众暴露的评价和管理，但是不适用于评价与管理医疗过程造成的电磁辐射暴露，也不适用于评价与管理无线通信终端、家用电器等对使用人员造成的电磁辐射暴露，也不能作为对产生电场、磁场、电磁场设施(设备)的产品质量要求。

1. 电磁环境控制限值

根据《电磁环境控制限值》(GB 8702—2014)，为控制电磁辐射所致公众暴露，环境中电场、磁场、电磁场场量参数的方均根值应满足表 2-8 的要求。

表 2-8　公众暴露控制限值

频率范围	电场强度 E /(V/m)	磁场强度 H /(A/m)	磁感应强度 B /μT	等效平面波功率密度 S_{eq}/(W/m²)
1～8 Hz	8000	$32\,000/f^2$	$40\,000/f^2$	—
8～25 Hz	8000	$4000/f$	$5000/f$	—
0.025～1.2 kHz	$200/f$	$4/f$	$5/f$	—
1.2～2.9 kHz	$200/f$	3.3	4.1	—
2.9～57 kHz	70	$10/f$	$12/f$	—
57～100 kHz	$4000/f$	$10/f$	$12/f$	—
0.1～3 MHz	40	0.1	0.12	4
3～30 MHz	$67/f^{1/2}$	$0.17/f^{1/2}$	$0.21/f^{1/2}$	$12/f$
30～3000 MHz	12	0.032	0.04	0.4
3000～15 000 MHz	$0.22f^{1/2}$	$0.000\,59f^{1/2}$	$0.000\,74f^{1/2}$	$f/7500$
15～300 GHz	27	0.073	0.092	2

注：① 频率 f 的单位为所在行中第一栏的单位。

② 0.1 MHz～300 GHz 频率，场量参数是任意连续 6 min 内的方均根值。

③ 100 kHz 以下频率，需同时限制电场强度和磁感应强度；100 kHz 以上频率，在远场区，可以只限制电场强度或磁场强度，或等效平面波功率密度，在近场区，需同时限制电场强度和磁场强度。

④ 架空输电线路下的耕地、园地、牧草地、畜禽饲养地、养殖水面、道路等场所，其频率 50 Hz 的电场强度控制限值为 10 kV/m，且应给出警示和防护指示标志。

对于脉冲电磁波，除满足上述要求外，其功率密度的瞬时峰值不得超过表 2-8 中所列限值的 1000 倍或电场强度的瞬时峰值不得超过表 2-8 中所列限值的 32 倍。

2. 评价方法

当公众暴露在多个频率的电场、磁场、电磁场中时，应综合考虑多个频率的电场、磁场、电磁场所致暴露，以满足以下要求。

(1) 在 1 Hz～100 kHz 之间，应满足以下关系式：

$$\sum_{i=1\,\text{Hz}}^{100\,\text{kHz}} \frac{E_i}{E_{L,i}} \leqslant 1 \qquad (2-3)$$

和

$$\sum_{i=1\,\text{Hz}}^{100\,\text{kHz}} \frac{B_i}{B_{L,i}} \leqslant 1 \qquad (2-4)$$

式中：E_i——频率 i 的电场强度；

$E_{L,i}$——表 2-8 中频率 i 的电场强度限值；

B_i——频率 i 的磁感应强度；

$B_{L,i}$——表 2-8 中频率 i 的磁感应强度限值。

（2）在 0.1 MHz～300 GHz 之间，应满足以下关系式：

$$\sum_{j=0.1\,\text{MHz}}^{300\,\text{GHz}} \frac{E_j^2}{E_{L,j}^2} \leqslant 1 \qquad (2-5)$$

和

$$\sum_{j=0.1\,\text{MHz}}^{300\,\text{GHz}} \frac{B_j^2}{B_{L,j}^2} \leqslant 1 \qquad (2-6)$$

式中：E_j——频率 j 的电场强度；

$E_{L,j}$——表 2-8 中频率 j 的电场强度限值；

B_j——频率 j 的磁感应强度；

$B_{L,j}$——表 2-8 中频率 j 的磁感应强度限值。

3. 豁免范围

从电磁环境保护管理角度来说，对 100 kV 以下电压等级的交流输变电设施以及向没有屏蔽空间发射 0.1 MHz～300 GHz 电磁场的且其等效辐射功率小于表 2-9 所列数值的设施（设备）可免于管理。

表 2-9　可豁免设施（设备）的等效辐射功率

频率范围/MHz	等效辐射功率/W
0.1～3	300
3～300 000	100

电磁环境控制限值

2.5.2　工作场所有害因素职业接触限值——物理因素

我国国家卫生健康委 2007 年颁布实施的《工作场所有害因素职业接触限值第 2 部分：物理因素》(GBZ 2.2—2007)对工业企业电磁辐射的标准做了规定。

对工业企业工作场所的微波辐射（频率为 300 MHz～300 GHz、波长为 1 mm～1 m 范围内的电磁波），其职业接触强度不超过表 2-10 规定的限值；对超高频电磁辐射（频率为 30～300 MHz 或波长为 1～10 m），其职业接触强度不允许超过表 2-11 规定的限值；对高频电磁辐射（频率为 100 kHz～30 MHz），工作地点一天 8 h 的辐射强度职业接触限值不应超过表 2-12 规定的限值。对工频电磁辐射（频率为 50 Hz），工作地点一天 8 h 的电场强度限值为 5 kV/m。

表 2－10 工作场所微波辐射职业接触限值

类 型		日剂量/($\mu W \cdot h/cm^2$)	8 h 平均功率密度/($\mu W/cm^2$)	非 8 h 平均功率密度/($\mu W/cm^2$)	短时间接触功率密度/(mW/cm^2)
全身辐射	连续微波	400	50	400/t	5
	脉冲微波	200	25	200/t	5
肢体局部辐射	连续微波或脉冲微波	4000	500	4000/t	5

注：t 为受辐射时间，单位为 h。

表 2－11 工作场所超高频辐射职业接触限值

接触时间	连续波		脉冲波	
	功率密度/(mW/cm^2)	电场强度/(V/m)	功率密度/(mW/cm^2)	电场强度/(V/m)
8 h	0.05	14	0.025	10
4 h	0.1	19	0.05	14

表 2－12 工作场所高频电磁辐射职业接触限值

频率/MHz	电场强度/(V/m)	磁场强度/(A/m)
0.1～3.0	50	5
3.0～30	25	—

2.5.3 国家军用标准

我国曾先后制定了多部辐射军用作业安全限制标准，目前主要执行的军用标准为《水面舰艇磁场对人体作用安全限值》(GJB 2779—1996)和《电磁辐射暴露限值和测量方法》(GJB 5313A—2017)，水面舰艇磁场对人体作用安全限值见表 2－13。

表 2－13 水面舰艇磁场对人体作用安全限值

舱 室	最大允许磁感应强度/mT	允许暴露时间
生活舱	5	8 小时/日，每周 5 日，连续不超过 4 周
一般工作舱	7	8 小时/日，每周 5 日，连续不超过 4 周
强磁场设备舱	40	连续不超过 4 小时
	40	1 小时/日，每周 5 日，连续不超过 4 周
	80	30 分钟/日，每周 5 日，连续不超过 4 周
	200	10 分钟/日，每周 5 日，连续不超过 4 周

注：① 生活舱包括居住舱、会议室、餐厅等生活与休息舱室；② 一般工作舱指除强磁场设备舱以外的各种作业舱室。

《电磁辐射暴露限值和测量方法》(GJB 5313A—2017)分别对作业区和生活区的瞬时限值、短时间限值以及 8 h 限值做了规定，不仅适用于军事作业环境电磁辐射的测量、评价和指导工作，也适用于其他职业暴露电磁辐射环境的相关工作。

对于作业区,100 kHz 以下的电磁辐射应满足表 2-14 规定的瞬时暴露限值,其峰值电场强度限值为对应频段短时平均电场强度限值的 1.5 倍。频率为 100 kHz 以上的电磁辐射,其短时间(小于 1 h)的平均暴露限值应满足表 2-15 的规定,其峰值电场强度限值为对应频段短时平均电场强度限值的 32 倍,其峰值功率密度限值为对应频段短时平均功率密度限值的 1000 倍。对长时间暴露(大于 1 h)的情况,任意 1 h 暴露量应满足表 2-15 短时间暴露的平均暴露限值规定。持续 8 h 暴露于连续波时的平均限值应符合表 2-16 的规定。持续暴露时间为 1~16 h,而非 8 h 时,其平均电场强度限值为对应频段 8 h 限值的 $(8/t)1/2$ 倍,平均功率密度限值为对应频段 8 h 限值的 $8/t$ 倍,其中 t 为作业区停留时间,单位为 h。持续 16 h 以上暴露于连续波时的平均暴露限值按照 16 h 暴露限值执行,其限值与生活区暴露限值相同。持续暴露于脉冲波时,其平均电场强度限值分别为以上连续波平均暴露限值的 $1/\sqrt{2}$,其平均功率密度限值分别为以上连续波平均暴露限值的 1/2。

表 2-14 作业区瞬时暴露限值

频率范围	电场强度 $E/(\text{V/m})$	磁感应强度 B/T
1~8 Hz	20 000	$0.2/f$
8~25 Hz	20 000	$2.5 \times 10^{-2}/f$
25~300 Hz	$500\ 000/f$	1×10^{-3}
300~3000 Hz	$500\ 000/f$	$0.3/f$
3000 Hz~100 kHz	170	1×10^{-4}

表 2-15 作业区短时间暴露的平均暴露限值

频率范围	平均电场强度 $E/(\text{V/m})$	平均磁感应强度 B/T	平均功率密度 $P/(\text{W/m}^2)$
100 kHz~3.5 MHz	170	$2.0/f$	—
3.5~10 MHz	$610/f$	$2.0/f$	—
10~400 MHz	61	—	10
400~2000 MHz	$3f^{(1/2)}$	—	$f/40$
2000~3×10^5 MHz	137	—	50

注:限值为任意 6 min 测量平均值的限值。

表 2-16 作业区连续波 8 h 暴露的平均暴露限值

频率范围	平均电场强度 $E/(\text{V/m})$	平均功率密度 $P/(\text{W/m}^2)$
0.1~3 MHz	47.7	6
3~30 MHz	$82.5/f^{(1/2)}$	$18/f$
30~3000 MHz	15	0.6
3000~10^4 MHz	$0.274f^{(1/2)}$	$f/5000$
10^4~3×10^5 MHz	27.4	2

对于生活区，频率 100 kHz 以下的电磁辐射应满足表 2-17 规定的瞬时暴露限值；短时间的暴露限值应满足表 2-18 的规定；日暴露限值应满足表 2-19 的规定。

表 2-17　生活区瞬时暴露限值

频率范围	电场强度 $E/(\text{V/m})$	磁感应强度 B/T
1～8 Hz	8000	$40\,000/f^2$
8～25 Hz	8000	$5000/f$
0.025～1.2 kHz	$200/f$	$5/f$
1.2～2.9 kHz	$200/f$	4.1
2.9～57 kHz	70	$12/f$
57～100 kHz	$4000/f$	$12/f$

表 2-18　生活区短时间暴露平均限值

频率范围	电场强度 $E/(\text{V/m})$	磁感应强度 B/T	等效平面波功率密度 $S_{\text{eq}}/(\text{W/m}^2)$
0.1～3 MHz	140	0.12	4
3～30 MHz	$67/f^{(1/2)}$	$0.21f^{(1/2)}$	$12/f$
30～3000 MHz	12	0.04	0.4
3000～15 000 MHz	$0.22f^{(1/2)}$	$0.000\,74f^{(1/2)}$	$f/7500$
15 000～3×10^5 MHz	27	0.092	2

注：限值为 6 min 测量平均值的限值。

表 2-19　生活区日平均暴露限值

频率范围	平均电场强度 $E/(\text{V/m})$	平均功率密度 $P/(\text{W/m}^2)$
0.1～3 MHz	33.8	3
3～30 MHz	$58.5/f^{(1/2)}$	$9/f$
30～3000 MHz	10.6	0.3
3000～10^4 MHz	$0.194f^{(1/2)}$	$f/10\,000$
10^4～3×10^5 MHz	19.4	1

实践项目 2.1　环境电磁辐射的测量方法

1. 方法简介

环境电磁辐射测量是对一个城市或一个区域的电磁辐射环境进行监测，并根据测量的目的和相应的标准进行说明和解释，对一般公众暴露环境进行评估，以便为控制电磁辐射污染、保护环境和公众的安全提供数据支持。

2. 测量仪器

(1) 非选频式辐射测量仪。

具有各向同性响应或有方向性探头的宽带辐射测量仪属于非选频式辐射测量仪。采用有方向性探头时，应调整探头方向以测出最大辐射电平。

(2) 选频式辐射测量仪。

各种专门用于电磁干扰测量的场强仪，干扰测试接收机，以及用频谱仪、接收机、天线自行组成测量系统经标准场校准后可用于环境中电磁辐射的测量。仪器的测量误差应小于 ±3 dB，频率误差应小于被测频率的 10^{-3} 数量级。该测量系统经模/数转换与微机连接后，通过编制专用测量软件可组成自动测试系统，达到数据自动采集和统计的目的。

在自动测试系统中，测量仪可设置于平均值（适用于较平稳的辐射测量）或准峰值（适用于脉冲辐射测量）检波方式。每次测试时间为 8～10 min，数据采集取样率为 2 次/s，进行连续取样。

3. 测量布点

对整个城市进行电磁辐射测量时，根据城市测绘地图，将全区划分为 1 km×1 km 或 2 km×2 km 的小方格，取方格中心为测量位置。

实际布点时，还应考虑地形、地物的影响。实际测点应避开高层建筑物、树木、高压线以及金属结构等，尽量选择空旷的地方进行测试。允许对规定测点进行调整，测点调整最大为方格边长的 1/4，对特殊地区方格可以不进行测量。需要对高层建筑测量时，应在各层阳台或室内选点测量。

若对典型辐射源附近的电磁环境进行测量，则应采用"米"字布点法。以辐射源为中心，在夹角为 45°的 8 个方向上分别布点。可选取距离场源 30 m、50 m、80 m 的距离测量，具体测量范围可以根据具体情况而定。

测量高度一般选择离地面 1.7～2 m 的高度。也可根据不同目的，选择不同的测量高度。

4. 测量方法

测量电磁辐射时，以电场强度测量值＞50 dBμV/m 的频率作为测量频率。

测量时间为 5:00～9:00，11:00～14:00，18:00～23:00 城市环境电磁辐射的高峰期。若 24 小时昼夜测量，昼夜测量点不应少于 10 个点。

测量间隔时间为 1 h，每次测量观察时间不应小于 15 s，若指针摆动过大，则应适当延长观察时间。

5. 测量记录与数据处理

(1) 测量记录。

测量时，记录监测单位、监测人员、监测仪器、监测时间、监测地点、布点位置、天气状况、测量结果等信息。

(2) 数据处理。

① 如果测量仪器读出的场强瞬时值的单位为 dB，则先按下列公式换算成以 V/m 为单位的场强：

$$E_i = 10^{\left(\frac{x}{20} - 6\right)} \tag{2-7}$$

式中：x——场强仪读数，单位为 dB(μV/m)，然后依次按下列各公式计算：

$$E = \frac{1}{n} \sum_{i=0}^{n} E_i \tag{2-8}$$

$$E_S = \sqrt{\sum_{i=0}^{n} E^2} \tag{2-9}$$

$$E_G = \frac{1}{M} \sum E_S \tag{2-10}$$

式中：E_i——在某测量位、某频段中被测频率 i 的测量场强瞬时值，单位为 V/m；

　　　n——E_i 值的读数个数；

　　　E——在某测量位、某频段中各被测频率 i 的场强平均值，单位为 V/m；

　　　E_S——在某测量位、某频段中各被测频率的综合场强，单位为 V/m；

　　　E_G——在某测量位、24 h(或一定时间)内测量某频段后的总的平均综合场强，单位为 V/m；

　　　M——在 24 h(或一定时间)内测量某频段的测量次数。

如果采用的测量仪器是非选频式的，则不用式(2-10)。

② 对于自动测量系统的实测数据，可编制数据处理软件，分别统计每次测量中测值的最大值 E_{max}、最小值 E_{min}、中值、95% 和 80% 时间概率的不超过场强值 $E_{95\%}$、$E_{80\%}$，上述统计值均以(dBV/m)为单位。另外，还应给出标准差值 σ(以 dB 表示)。

(3) 绘制污染图。

① 为了更加直观地呈现电磁辐射场强在空间上的分布特点，可绘制频率—场强、时间—场强、时间—频率、测量位—总场强值等各组对应曲线。

② 典型辐射体环境污染图。以典型辐射体为圆心，标注等场强值线图(见图 2-4)，或以典型辐射体为圆心，标注等值线图。

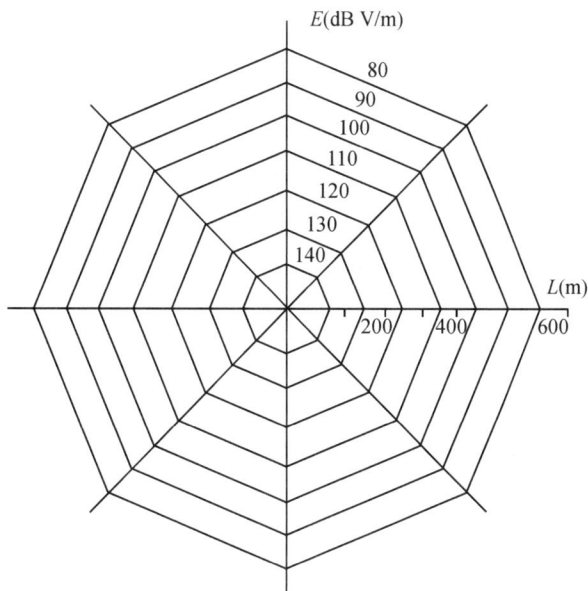

图 2-4　典型辐射体环境辐射等场强值线图

③ 居民区环境污染图。在有比例的测绘地图上标注等场强值线图，或标注根据计算值所得的峰线图。根据需要亦可在各地区地图上做好方格，用颜色或各种形状图线表示不同的场强值。

6. 环境质量评价

用非选频宽带辐射测量仪时，由测量位测得的场强（功率密度）值是所有频率的综合场强，在 24 h 内每次测量综合场强值的平均值即总场强值亦是所有频率的总场强值。由于环境中辐射体频率在超短波频段（30～300 MHz），测量值和超短波频段安全限值的比值≤1，基本上对居民无影响，如果评价典型辐射体，则测量结果应和辐射体工作频率对应的安全限值比较。

$$\frac{E_G}{L} \leqslant 1 \tag{2-11}$$

式中：E_G——某测量位的总场强值，单位为 V/m；

L——典型辐射体工作频率对应的安全限值或超短波频段安全限值，单位为 V/m。

用选频式场强仪时，有

$$\sum \frac{E_{Gi}}{L_i} \leqslant 1 \tag{2-12}$$

式中：E_{Gi}——测量位某频段总的平均综合场强值，单位为 V/m；

L_i——对应频段的安全限值，单位为 V/m。

7. 质量保证

（1）测量方案必须严格审议。

（2）应充分考虑测量的代表性。

（3）测量结果应准确可靠，有对比性。

（4）数据处理方法应正确。

环境电磁辐射测量方法

实践项目 2.2　电磁辐射污染源的监测方法

1. 方法简介

电磁辐射污染源监测主要是指对特定公众暴露环境进行监测，如辐射源邻近环境。电磁辐射污染源监测的主要目的是评估电磁辐射污染源对人体和环境的潜在危害。通过定期监测和评估，可以采取必要的措施，减少电磁辐射对公众健康和环境造成的危害。

2. 测量仪器

可使用各向同性响应或有方向性电场探头或磁场探头的宽带辐射测量仪。采用有方向性探头时，应在测量点调整探头方向，以测出测量点的最大辐射电平。

测量仪器工作频带应满足待测场要求，仪器应经计量标准定期检定。

3. 测量布点

工业、科研和医用射频设备辐射强度的测量方法与一般电磁环境不同。基于它们所造成的污染是由这些设备在工作过程中产生的电磁辐射引起的，因此，对于这类设备辐射强度的测量可以一次性进行。测量方法大体如下。

当设备工作时，以辐射源为中心，确定东、南、西、北、东北、东南、西北、西南 8 个方向(间隔 45°角)，做近区场与远区场的测量。

(1) 近区场场强的测量方法。

① 计算近区场的作用范围。

② 感应区场强的测定。由于射频电磁场感应区中电场强度与磁场强度不成固定关系，因此应分别进行电场强度与磁场强度的测定。

(2) 近区场场强测量注意事项。

① 采用经有关部门检定合格的射频电磁场(近区)强度测定仪进行测定。测定前应按产品说明书的规定，关好机柜门，上好盖门，拧紧螺栓，使设备处于完好状态。测定时，射频设备必须按产品说明书的规定处于正常工作状态。

② 在每个方位上，以设备面板为相对水平零点，分别选取 10 cm、0.5 m、1 m、2 m、3 m、10 m、50 m 为测定距离，一直测到近区场边界为止。

③ 取三种测定高度，测量位置取作业人员操作位置，距地面 0.5 m、1 m、1.7 m 三个部位。

④ 测定方向以测定点上的天线中心点为中心，全方向转动探头，以指示最大的方向为测定方向。现场为复合场时，暂以测定点上最强方向上的最大值为准，当出现几个最大点时，以其中最大的一点为准。

⑤ 应避免人体对测定的影响。测定电场时，测试者不应站在电场天线的延伸线方向上；测定磁场时，测试者不应与磁场探头的环状天线平面相平行。操作者应尽量离天线远一些，测试天线附近 1 m 范围内除操作者外避免站人或放置金属物体。

⑥ 测定部位附近应尽量避开对电磁波有吸收或反射作用的物体。

(3) 远区场场强的测量方法。

① 根据计算，确定远区场起始边界。

② 可以只测磁场或电场强度。

③ 在 8 个方位上分别选取 3 m、11 m、30 m、50 m、100 m、150 m、200 m、300 m 作为测定距离。

④ 测定高度均取 2 m。如有高层建筑，则分别选取 1、3、5、7、10、15 等层测量高度。所用的测定仪器为标定合格的远场仪并选取远场仪所示的准峰值。

4. 测量方法

在辐射体正常工作时间内进行测量，每个测点连续测 5 次，每次测量时间不应小于

15 s，并读取稳定状态的最大值。若测量读数起伏较大，则应适当延长测量时间。

5．测量记录与结果评价

（1）测量记录。

记录测量的时间、地点、温度、湿度等天气状况，污染源的名称、位置、功率和型号，测量仪器、测量人员，测点位置、检测数据等。

（2）结果评价。

以每个测量部位的平均场强值作为评价量，根据各操作位置的 E 值按国家标准《电磁环境控制限值》（GB 8702—2014）规定的"安全限值"作出分析评价。

6．质量保证

（1）监测点位置的选取应符合规范要求。

（2）监测所用仪器应与所测对象在频率、量程、响应时间等方面相符合。监测仪器应定期校准，并在其证书有效期内使用。每次监测前后均检查仪器，确保仪器在正常工作状态。

（3）监测人员应经业务培训，考核合格并取得岗位合格证书。现场监测工作须不少于两名监测人员才能进行。

（4）应建立完整的监测文件档案。

电磁辐射污染源测量方法

实践项目 2.3　　工作场所电磁辐射的测量

1．方法简介

对工作场所的电磁辐射进行监督性测量，一方面可以评价工作人员受照剂量可能的上限，确认工作环境的安全程度，及时发现辐射安全上的问题和隐患；另一方面是为了评估工作场所的辐射状况，审查控制区与监督区划分是否恰当，为辐射防护管理提供科学依据。

2．测量仪器

仪器响应的频率应覆盖被测设备的频率，如测量工频时测量仪器应能够响应 50 Hz。仪器量程根据被测频率的接触限值，应至少达到限值 0.01～10 倍的要求。仪器首选能响应方均根值的配置三相式感应器的仪器。单相的仪器和个体磁场计如满足现场测量的要求也可使用。

仪器须定期进行校准，校准结果需符合相关校准要求方可使用。测量现场温度和相对湿度应符合仪器说明书的要求。

3. 测量布点

选择存在电场和磁场的有代表性的作业点作为测量点。作业方式为巡检作业时选择规定的巡检点和巡检过程中靠近电磁场源最近的位置；作业方式为固定岗位作业时选择固定的操作位。相同或类似的测点可按电磁场源进行抽样。对于相同型号、相同防护、相同电流电压的低频电磁场设备，数量为 1~3 台时至少测量 1 台，4~10 台时至少测量 2 台，10 台以上时至少测量 3 台。不同型号、不同防护或不同电流电压的设备应分别测量。

电磁场监测的测点高度以作业人员操作位置或巡检位置为依据，选择测量头、胸或腹部离电磁场源最近的部位，如无法判断时，应对头、胸、腹三个部位分别进行测量。

4. 测量方法

（1）测量前准备。

应在测量前对工作场所进行现场调查。调查内容主要包括：电磁场源的位置、体积、频率、功率、电流、电压等；生产工艺流程；接触作业人员工作班制度、作业方式（固定作业或巡检作业）、作业姿势（站姿作业或坐姿作业）、接触时间和频次、防护情况等。

（2）测量过程。

对于电磁场较稳定的现场环境，如电厂或变电站中的变压器、配电柜及变压开关等设备作业点，每个测点连续测量 3 次，每次测量时间不少于 15 s，并读取稳定状态的方均根值，取平均值。对于电磁场不稳定的现场环境，如电阻焊作业等，应在预期电场和磁场强度最高的时间段测量，读取电磁场峰值及最高时间段的方均根值，每次测量时间一般不超过 5 min，劳动者接触时间不足 5 min 按实际接触时间进行测量，每个测点连续测量 3 次，取最大值。

方均根值的计算方法为

$$F_{rms} = \sqrt{\frac{1}{t_2 - t_1} \int_{t_1}^{t_2} f(t)^2 \, \mathrm{d}t} \tag{2-13}$$

式中：t_2——结束时间，单位为秒（s）；

t_1——开始时间，单位为秒（s）；

$f(t)$——电场和磁场时变函数，单位为伏每米、安每米或特斯拉（V/m、A/m or T）；

$\mathrm{d}t$——从 t_1 到 t_i 的总时间，单位为秒（s）。

电场强度、磁场强度、磁感应强度的峰值表示为场矢量的最大值。它是建立在电场或磁场强度或磁通密度的三个相互垂直方向的瞬时值，见式（2-14）。

$$V_p = \max \left[\sqrt{V_x^2(t) + V_y^2(t) + V_z^2(t)} \right] \tag{2-14}$$

式中：V_x——某时间点 x 轴电场强度、磁场强度或磁通密度的瞬时值，单位为伏每米、安每米或特斯拉（V/m、A/m or T）；

V_y——某时间点 y 轴电场强度、磁场强度或磁通密度的瞬时值，单位为伏每米、安每米或特斯拉（V/m、A/m or T）；

V_z——某时间点 z 轴电场强度、磁场强度或磁通密度的瞬时值，单位为伏每米、安每米或特斯拉（V/m、A/m or T）。

5．测量记录与结果评价

（1）测量记录。

测量记录应该包括以下内容：测量日期、测量时间、气象条件（温度、相对湿度）、测量岗位、地点（单位、厂矿名称、车间和具体测量位置）、测量部位（头、胸或腹部）、测点与电磁场源的距离、场源类型、电流电压、场源的频率、特征、测量仪器型号、测量数据、测量人员等。

（2）结果评价。

① 与职业接触最高容许限值进行比较。

现场作业点测量的方均根值可直接与相应频率的低频电场和磁场的职业接触最高容许限值进行比较。当现场环境低频电磁场不稳定时，其电磁场强度峰值测量结果还应与相应限值的 3 倍进行比较。

② 与 8 h 工频电场职业接触限值进行比较。

接触工频电场的作业人员，需根据测量结果结合作业人员在各作业点的停留时间，计算该岗位作业人员 8 h 工频电场强度时间加权平均值，与工频电场的 8 h 职业接触限值进行比较。如每天接触工频电场强度和时间不同，按接触最高强度和最长时间的工作日进行计算。

如每天接触工频电场时间不足 8 h，应按如下公式计算工频电场 8 h 时间加权平均值。

$$E_8 = E\sqrt{\frac{T}{T_0}} \tag{2-15}$$

式中：E_8——工频电场 8 h 时间加权平均值，单位为伏每米（V/m）或千伏每米（kV/m）；

E——现场测量的工频电场强度，单位为伏每米（V/m）或千伏每米（kV/m）；

T——接触工频电场时间，单位为小时（h）；

T_0——取 8 h。

如每天接触不同工频电场强度，应按如下公式计算工频电场 8 h 时间加权平均值。

$$E_8 = \sqrt{\frac{1}{T_0}\sum_1^n E_i^2 T_i} \tag{2-16}$$

式中：E_8——工频电场 8 h 时间加权平均值，单位为伏每米（V/m）或千伏每米（kV/m）；

T_0——取 8 h；

E_i——现场测量的工频电场强度，单位为伏每米（V/m）或千伏每米（kV/m）；

T_i——接触工频电场时间，单位为小时（h）。

6．质量保证

（1）监测点位置的选取应具有代表性。

（2）监测所用仪器应与所测对象在频率、量程、响应时间等方面相符合。监测仪器应定期校准，并在其证书有效期内使用。每次监测前后均检查仪器，确保仪器在正常工作状态。

（3）监测人员应经业务培训，考核合格并取得岗位合格证书。现场监测工作须不少于两名监测人员才能进行。

（4）监测中异常数据的取舍以及监测结果的数据处理应按统计学原则进行。

（5）监测时尽可能排除干扰因素，包括人为干扰因素和环境干扰因素。

（6）应建立完整的监测文件档案。

实践项目 2.4　　移动通信基站电磁辐射环境的监测

1. 方法简介

为贯彻《中华人民共和国环境保护法》，防治电磁辐射环境污染，改善环境质量，需要密切关注移动通信基站电磁辐射环境监测工作。本方法可以用于《电磁环境控制限值》(GB 8702—2014)规定豁免范围以外的移动通信基站的电磁辐射环境监测，可豁免管理的移动通信基站电磁辐射也可以按照本方法进行监测。

2. 监测仪器

根据监测目的，监测仪器可分为非选频式宽带电磁辐射监测仪和选频式电磁辐射监测仪。在进行移动通信基站电磁辐射环境监测时，采用非选频式宽带电磁辐射监测仪；在需要了解多个电磁辐射源中各个辐射源的电磁辐射贡献量时，则采用选频式电磁辐射监测仪。

监测应选用具有各向同性响应探头（天线）的监测仪器。监测仪器工作性能应满足待测电磁场的要求，监测频率、量程要能覆盖移动通信基站发射的电磁辐射频率范围和大小范围，分辨率要能够满足监测要求。监测仪器的监测结果应选用仪器的方均根值读数。

3. 监测布点

在以移动通信基站发射天线在地面的投影点为圆心，半径 50 m 为底面的圆柱体空间范围内，选择代表性的电磁辐射环境敏感目标处作为监测点。

在建筑物外监测时，点位优先布设在公众日常生活或工作距离天线最近处，但不宜布设在需借助工具（如梯子）或采取特殊方式（如攀爬）到达的位置。移动通信基站发射天线为定向天线时，点位优先布设在天线主瓣方向范围内。

在建筑物内监测时，点位优先布设在朝向天线的窗口或阳台位置，探头应在窗框或阳台界面以内，也可选取房间中央位置。探头与家用电器等设备之间的距离不小于 1 m。

4. 测量方法

（1）测量前准备。

开展监测工作前，应收集被测移动通信基站的基本信息，包括基站名称、运营单位、建设地点、经纬度坐标、网络制式类型、发射频率范围、天线离地高度、天线支架类型、天线数量和运行状态等。

根据监测的性质和目的，还可收集其他信息，包括发射机型号、标称功率、实际发射功率、天线增益、天线方向性类型和天线方向角等参数。

（2）测量过程。

测量时将测量仪器探头调节至距地面 1.7 m。也可根据需要在其他高度监测，并在监测报告中注明。

移动通信基站电磁辐射环境的监测因子为射频电磁场，监测参数为功率密度或电场强度。

　　在监测时，探头与操作人员躯干之间的距离不小于 0.5 m，并避免或尽量减少周边偶发的其他电磁辐射源的干扰。

　　每个测点至少连续测 5 次，每次监测时间不少于 15 秒，并读取稳定状态下的最大值。若监测读数起伏较大，则适当延长监测时间。

　　当监测仪器为自动测量系统时，应设置于方均根值检波方式，每次测量时间不少于 6 分钟，数据采集取样率不小于 1 次/秒。

5．测量记录和结果评价

（1）测量记录。

① 记录环境温度、相对湿度和天气状况。

② 记录监测日期、监测起止时间、监测人员、监测仪器型号和编号及探头（天线）型号和编号。

③ 记录现场监测点位示意图，标注移动通信基站天线、监测点位和其他已知的电磁辐射源的位置。

④ 记录监测点位名称、监测点位与移动通信基站发射天线的垂直距离与水平距离和监测数据。

⑤ 选频监测时，保存频谱分布图。

现场监测记录、监测报告内容与格式见表 2-20 和表 2-21。

表 2-20　现场监测记录表

基站基本信息			
基站名称		运营单位	
建设地点		经纬度坐标	
网络制式类型		发射频率范围	
天线离地高度		天线支架类型	
天线数量		运行状态	
监测条件信息			
监测时间	年　月　日　时　分	测量仪器型号	
天气状况		测量仪器编号	
环境温度		探头（天线）型号	
相对湿度		探头（天线）编号	
基站环境监测点位示意图 北			

表 2 – 21　监测数据记录表

基站名称				监测地点					
序号	监测点位名称	与天线的距离/m		监测值(单位：)					
		垂直	水平	1	2	3	4	5	平均值
1									
2									
3									
4									
5									
6									

（2）结果评价。

① 单位换算。

若监测仪器读出的电场强度测量值的单位为 dB(μV/m)，可按如下公式换算成以 V/m 为单位的电场强度值：

$$E = 10^{\left(\frac{x}{20}-6\right)} \tag{2-17}$$

式中：x——监测仪器的读数，单位为 dB(μV/m)；

　　　　E——电场强度，单位为 V/m。

电场强度与功率密度在远区场中可按照如下公式进行换算：

$$S = \frac{E^2}{Z_0} \tag{2-18}$$

式中：S——功率密度，单位为 W/m^2；

　　　　E——电场强度，单位为 V/m；

　　　　Z_0——自由空间本征阻抗，$Z_0 \approx 120\pi$，单位为 Ω。

② 数据处理。

在使用非选频式宽带电磁辐射监测仪监测时，测量数据按照如下公式处理：

$$X = \frac{1}{n}\sum_{i=1}^{n}X_i \tag{2-19}$$

式中：X——监测点位功率密度或电场强度测量值的平均值，单位为 W/m^2 或 V/m；

　　　　X_i——第 i 次功率密度或电场强度测量值，单位为 W/m^2 或 V/m；

　　　　n——测量次数。

在使用选频式电磁辐射监测仪监测时，测量数据按照如下公式处理：

$$X_i = \frac{1}{n}\sum_{j=1}^{n}X_{ij} \tag{2-20}$$

$$S_S = \sum_{i=1}^{m} S_i \qquad (2-21)$$

$$E_S = \sqrt{\sum_{i=1}^{m} E_i^2} \qquad (2-22)$$

式中：X_{ij}——监测点位某频段中频率 i 点的第 j 次功率密度或电场强度测量值，单位为 W/m² 或 V/m；

X_i——监测点位某频段中频率 i 点的功率密度或电场强度测量值的平均值，单位为 W/m² 或 V/m；

n——监测点位某频段中频率 i 点的功率密度或电场强度测量次数；

S_S——监测点位某频段的功率密度值，单位为 W/m²；

S_i——监测点位某频段中频率 i 点的功率密度测量值，单位为 W/m²；

m——监测点位某频段中被测频率点的个数；

E_S——监测点位某频段的电场强度值，单位为 V/m；

E_i——监测点位某频段中频率 i 点的电场强度测量值，单位为 V/m。

连续监测时，测量数据按照如下公式处理：

$$E_G = \frac{1}{k} \sum_{s=1}^{k} E_S \qquad (2-23)$$

式中：E_S——监测点位 24 h(或一定时间)内测量某频段电场强度的平均值，单位为 V/m；

k——24 h(或一定时间)内测量某频段的测量次数。

根据需要可分别统计每次监测中的最大值 E_{max}、最小值 E_{min}，50%、80% 和 95% 时间内不超过的电场强度值 $E_{50\%}$、$E_{80\%}$、$E_{95\%}$。

根据需要可绘制电磁场分布图，如时间与电场强度、距离与电场强度、频率与电场强度等对应曲线。

6. 质量保证

(1) 监测机构应当具备与所从事的电磁环境监测业务相适应的能力和条件。监测点位的选取应具有代表性。

(2) 监测仪器(包括天线或探头)应定期校准，并在其证书有效期内使用。每次监测前后均应检查仪器，确保仪器在正常工作状态。

(3) 监测人员应经业务培训，现场监测工作应不少于两名监测人员才能进行。监测时应排除干扰因素，包括人为干扰因素和环境干扰因素。

(4) 监测中异常数据的取舍以及监测结果的数据处理应按统计学原则进行。任何存档或上报的监测结果应经过复审。

(5) 应建立完整的监测文件档案。

移动通信基站电磁辐射环境监测方法

| 实践项目 2.5 | 直流输电工程合成电场的监测 |

1. 方法简介

直流输电工程是指将直流电从电能供应地输送至电能需求地的工程。直流输电工程包括直流输电线路、换流站和接地极系统。合成电场是指直流带电导体上电荷产生的电场和导体电晕引起的空间电荷产生的电场合成后的电场。通常用电场强度表示合成电场强度的大小，其单位为伏特每米(V/m)，工程上常用千伏每米(kV/m)。

为贯彻《中华人民共和国环境保护法》，保护环境，保障公众健康，加强直流输电工程电磁环境管理，规范直流输电工程合成电场监测，生态环境部于 2020 年制定了《直流输电工程合成电场限值及其监测方法》(GB 39220—2020)。本标准规定了直流输电工程合成电场强度限值及其监测方法等技术要求。

2. 测量仪器

合成电场的监测仪器应能同时测量出合成电场的大小和极性，并具备自动连续测量和记录功能。一般采用场磨来监测合成电场，场磨应使用面积为 1 m×1 m 的正方形且导电性能良好的金属平板作为接地参考平面，并需可靠接地。

3. 测量布点

监测点应选在地势平坦、无障碍物遮挡处，场磨应直接放置在地面上，上表面与地面间的距离应小于 200 mm，其上表面放置面积为 1 m×1 m 的正方形且导电性能良好的金属平板，场磨外壳和金属平板应良好接地。监测报告应清楚地标明具体位置。场磨与监测人员的距离应不小于 2.5 m，且与固定物体的距离应不小于 1 m。

针对不同的辐射源，布点方法有所不同，具体如下。

(1) 直流输电线路。

直流架空输电线路正负极两侧合成电场监测点应选择在档距间极导线弧垂最低位置的横截面投影线上，如图 2-5 所示。监测时两相邻监测点间的距离一般取 5 m，在监测最大值时，两相邻监测点间的距离可取 2 m。一般监测至距离极导线对地投影外 50 m 处即可。除在线路横截面投影线上监测外，也可根据监测需要在极导线下其他位置进行监测。

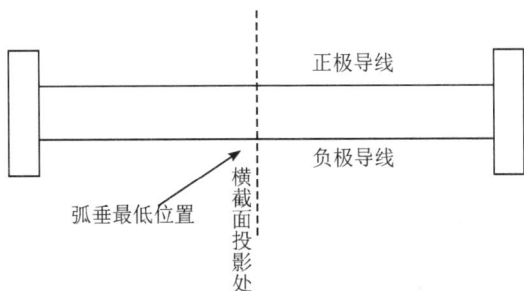

图 2-5　直流架空输电线路下方合成电场测量布点图

对设于地面以下或水体中的直流电缆输电线路可不监测合成电场。

（2）换流站。

合成电场监测点应布置在各侧围墙外，距离围墙 5 m 处，包括进出线下。合成电场衰减监测以距离换流站围墙外 5 m 处为起点，在垂直于围墙的方向上布置。两相邻监测点间的距离可取 5 m，一般监测至距离围墙 50 m 处。

（3）建筑物。

在建筑物外监测，合成电场监测点应布置在建筑物靠近直流输电工程的一侧，且距离建筑物不小于 1 m 处。在建筑物的阳台或用于居住、工作或学习的平台处监测，应在距离墙壁或其他固定物体（如护栏）不小于 1 m 的区域内布点，但不宜布设在需借助工具（如梯子）或采取特殊方式（如攀爬）到达的位置。

4. 测量方法

合成电场的监测应在风速（离地 2 m 处）小于 2 m/s、无雨、无雾、无雪的天气下进行。

对于每个监测点，至少监测 30 min，监测时间段内等时间间隔采样，至少记录 100 个数据。

5. 测量记录和结果评价

（1）测量记录。

监测时，应记录监测时间段的风速、风向、温度、相对湿度、气压、天气情况等气象条件。除记录每个监测点的监测数据外，还应记录监测点的具体位置和每次监测的开始与结束时间。

对直流架空输电线路进行监测时，还应记录监测点或监测路径所在处极导线的线路参数，如导线高度、极间距离、导线类型、运行电压、运行电流、杆塔编号、线路走向、同杆线路回路数和线路排列方式。对换流站进行监测时，还应记录换流站的运行方式、换流阀功率、直流电压等。

（2）结果评价。

在合成电场的连续监测中，监测数据分散性较大，应用累计概率的方法进行数据处理。累计百分合成电场值（E_n）的计算方法如下：

将监测点合成电场连续测量数据（等时间间隔采样值）按绝对值从小到大排序，第 $n\%$ 个数据称为累计百分合成电场值 E_n，其含义是测量时间内有 $n\%$ 的测量数据绝对值小于等于 E_n。例如，E_{95}、E_{80} 分别表示 95%、80% 的测量时间内测量数据绝对值小于等于 E_{95}、E_{80}。

为控制合成电场所致公众暴露，环境中合成电场强度 E_{95} 的限值为 25 kV/m，且 E_{80} 的限值为 15 kV/m。

直流架空输电线路下的耕地、园地、牧草地、畜禽饲养地、养殖水面、道路等场所的合成电场强度 E_{95} 的限值为 30 kV/m，且应给出警示和防护指示标志。

6. 质量保证

（1）监测单位应当具备与所从事的合成电场监测业务相适应的能力和条件，并应建立完整的监测文件档案。

（2）监测人员应经业务培训，现场监测工作须不少于两名监测人员才能进行。监测仪器的频率、量程、响应时间应与监测对象相符合。监测仪器应定期校准，并在其证书有效期内使用；每次监测前后均应检查仪器，确保仪器在正常工作状态。

（3）监测点位置的选取应具有代表性。监测时尽可能排除干扰因素，包括人为干扰因素和环境干扰因素。

直流输变电工程电磁环境监测方法

实践项目 2.6　交流输变电工程的电磁辐射监测

1. 方法简介

交流输变电工程是指在交流电压供电中，将电压进行变换并从电能供应地输送至电能需求地的工程，包括输电线路和变电站。为了规范交流输变电工程电磁环境监测，保护环境，保障人体健康，我国于 2014 年 1 月 1 日执行了《交流输变电工程电磁环境监测方法（试行）》（HJ 681—2013），该标准规定了交流输变电工程电磁环境监测的内容、方法等技术要求，适用于 110 kV 及以上电压等级的交流输变电工程，其他电压等级的交流输变电工程电磁环境监测可参照本标准执行。

2. 监测仪器

工频电场和磁场的监测应使用专用的探头或工频电场、磁场监测仪器。工频电场和磁场监测仪器的探头可为一维或三维。一维探头一次只能监测空间某点一个方向的电场或磁场强度；三维探头可以同时测出空间某一点三个相互垂直方向（X、Y、Z）的电场、磁场强度分量。探头通过光纤与主机连接时，光纤长度不应小于 2.5 m。监测仪器应用电池供电。工频电场监测仪器探头支架应采用不易受潮的非导电材质。监测仪器的监测结果应选用仪器的方均根值读数。

3. 监测布点

监测点应选择在地势平坦、远离树木且没有其他电力线路、通信线路及广播线路的空地上。监测仪器的探头应架设在地面上方 1.5 m 高度处。也可根据需要在其他高度监测，并在监测报告中注明。监测工频电场时，监测人员与监测仪器探头的距离应不小于 2.5 m。监测仪器探头与固定物体的距离应不小于 1 m。交流输变电工程主要由架空输电线路、地下输电电缆、变电站和相关建筑物组成，各类辐射源的布点方法叙述如下。

（1）架空输电线路。

断面监测路径应选择在以导线档距中央弧垂最低位置的横截面方向上。以弧垂最低位置处中相导线对地投影点为起点，监测点均匀分布在边相导线两侧的横断面方向上。对于对称排列的输电线路，只需在杆塔一侧的横断面方向上布置监测点。监测点间距一般为 5 m，顺序测至距离边导线对地投影外 50 m 处为止。在测量最大值时，两相邻监测点的距离应不大于 1 m。除在线路横断面监测外，也可在线路其他位置监测，应记录监测点与线路的相对位置关系以及周围的环境情况。

（2）地下输电电缆。

断面监测路径是以地下输电电缆线路中心正上方的地面为起点，沿垂直于线路方向进行，监测点间距为 1 m，顺序测至电缆两侧边缘各外延 5 m 处为止。对于对称排列的地下输电电缆，只需在管廊一侧的横断面方向上布置监测点。

除在电缆横断面监测外，也可在线路其他位置监测，应记录监测点与电缆管廊的相对位置关系以及周围的环境情况。

（3）变电站。

监测点应选择在无进出线或远离进出线，距离边导线地面投影不少于 20 m 的围墙外且距离围墙 5 m 处布置。如在其他位置监测，应记录监测点与围墙的相对位置关系以及周围的环境情况。

断面监测路径应以变电站围墙周围的工频电场和工频磁场监测最大值处为起点，在垂直于围墙的方向上布置，监测点间距为 5 m，顺序测至距离围墙 50 m 处为止。

（4）建筑物。

在建筑物外监测，应选择在建筑物靠近输变电工程的一侧，且距离建筑物不小于 1 m 处布点。

在建筑物内监测，应在距离墙壁或其他固定物体 1.5 m 外的区域处布点。如不能满足上述距离要求，则取房屋中心位置作为监测点，但监测点与周围固定物体间的距离不小于 1 m。在建筑物的阳台或平台监测，应在距离墙壁或其他固定物体（如护栏）1.5 m 外的区域布点。

4. 测量方法

环境条件应符合仪器的使用要求。监测工作应在无雨、无雾、无雪的天气下进行。监测时环境湿度应在 80% 以下，避免监测仪器支架泄漏电流等影响。

监测工频磁场时，监测探头可以用一个小的电介质手柄支撑，并可由监测人员手持。采用一维探头监测工频磁场时，应调整探头使其位置在监测最大值的方向上。

在输变电工程正常运行时间内进行监测，每个监测点连续测 5 次，每次监测时间不小于 15 秒，并读取稳定状态的最大值。若仪器读数起伏较大，则应适当延长监测时间。

5. 测量记录与结果评价

（1）测量记录。

除监测数据外，应记录监测时的温度、相对湿度等环境条件以及监测仪器、监测时间等；对于输电线路，应记录导线排列情况、导线高度、相间距离、导线型号以及导线分裂数、线路电压、电流等；对于变电站，应记录监测位置处的设备布置、设备名称以及母线电压和电流等。

（2）结果评价。

求出每个监测位置的 5 次读数的算术平均值作为监测结果，对交流输变电工程的电磁辐射进行评价。

6. 质量保证

（1）监测点位置的选取应具有代表性。监测所用仪器应与所测对象在频率、量程、响应时间等方面相符合。

（2）监测仪器应定期校准，并在其证书有效期内使用。每次监测前后均检查仪器，确保仪器在正常工作状态。

（3）监测人员应经业务培训，考核合格并取得岗位合格证书。现场监测工作须不少于两名监测人员才能进行。

（4）监测中异常数据的取舍以及监测结果的数据处理应按统计学原则进行。监测时尽可能排除干扰因素，包括人为干扰因素和环境干扰因素。

（5）应建立完整的监测文件档案。

交流输变电工程电磁环境监测方法

实践项目 2.7　　电磁炉电磁辐射的监测

1. 方法简介

电磁炉是一种利用电磁感应加热的家用电器，具有高效、安全、环保等优点。电磁炉的工作原理是将 50 Hz 的低频交流电源转变为 30～40 kHz 的高频交流电源，直接加到电磁炉的线圈盘中，产生大功率的电磁场，再利用电磁场使锅体产生涡流，从而加热食物。

电磁炉的辐射频率虽然大约相当于手机信号频率的 1/60，但是真正决定辐射大小的功率却要比手机信号大得多，这个辐射功率主要取决于电磁炉的电磁波的泄漏值，泄漏值越大，对使用者的伤害就越大，由于这种伤害是我们肉眼看不到的，因此，电磁炉被称为"隐形杀手"，长期或长时间使用会对人的身体健康造成较大的负面影响。为了保护产品使用者的身体健康，对电磁炉和微波炉等产生电磁辐射的家用电器进行电磁辐射的监测是十分必要的。

2. 测量仪器

高频电磁辐射频谱分析仪；具有各向同性响应或有方向性探头的宽带辐射测量仪均可用于监测。用有方向性探头时，应调整探头方向以测出最大辐射电平。仪器须定期进行校准，校准结果需符合相关校准要求方可使用。测量现场温度和相对湿度应符合仪器说明书的要求。

3. 测点位置

根据《辐射环境保护管理导则　电磁辐射监测仪器和方法》（HJ/T 10.2—1996）和《家用电器及类似器具电磁场相对于人体暴露的测量方法》（GB/T 39640—2020），电磁炉的布点位置如图 2-6 所示。对于每个烹调区，从器具的前、后、左、右 4 个方向的边缘 30 cm 处，沿着 4 条垂直线进行测量，测量范围为烹调区上方 1 m 以下和下方 0.5 m 以上，如果使用时器具靠墙放置，则器具后方位置不必进行测量。

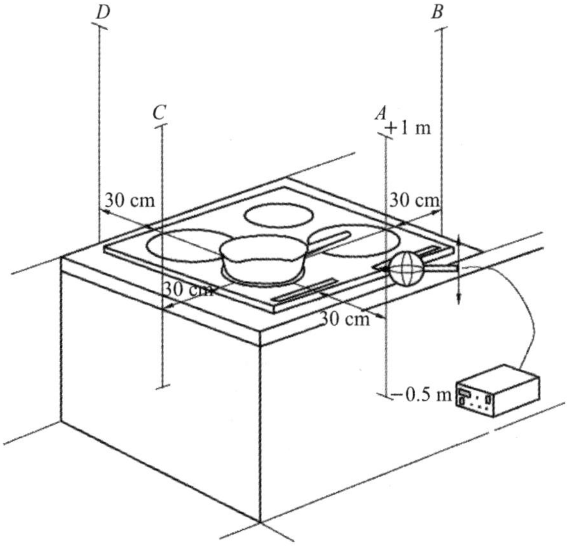

说明：线 *ABCD* 表示测量垂线位置。该图表示 4 个烹饪区域电灶的左前方感应加热单元处于工作状态。

图 2-6　测点位置和测量范围示意图

4．测量方法

取说明书推荐的最小搪瓷缸容器，加入容器容量一半的水。如果说明书没有给出推荐尺寸，则采用能遮挡标记烹饪区域的最小标准容器。标准容器的标称底部直径为 110 mm、145 mm、180 mm、210 mm 和 300 mm。感应加热单元轮流运行，其他烹饪区域不被遮挡。运行时，能量控制器应设置到最大，在器具达到稳定状态后进行测量，如果不能达到稳定状态，应定义一个适当的观察时间，例如 30 s，以确保在变化的场源下获得最大值。

5．测量记录与结果评价

（1）测量记录。

测量时应记录测量仪器型号、测量时间、电磁炉的型号和功率、测点位置、测量结果。测量数据记录表可参照表 2-22。

表 2-22　电磁炉电场强度和磁感应强度监测结果

测量产品名称：＿＿＿＿＿＿　品牌：＿＿＿＿＿　型号：＿＿＿＿＿

测量仪器型号：＿＿＿＿＿＿　测量时间：＿＿＿＿＿　测量人员：＿＿＿＿＿

运行加热单元	测量位置	不同高度的电场强度 /(V·m⁻¹)				不同高度的磁感应强度/μT			
		−0.5 m	0 m	0.5 m	1.0 m	−0.5 m	0 m	0.5 m	1.0 m
左前	炉灶前								
	炉灶后								
	炉灶左								
	炉灶右								

运行加热单元	测量位置	不同高度的电场强度 /(V·m⁻¹)				不同高度的磁感应强度/μT			
		−0.5 m	0 m	0.5 m	1.0 m	−0.5 m	0 m	0.5 m	1.0 m
右前	炉灶前								
	炉灶后								
	炉灶左								
	炉灶右								
左后	炉灶前								
	炉灶后								
	炉灶左								
	炉灶右								
右后	炉灶前								
	炉灶后								
	炉灶左								
	炉灶右								

（2）结果评价。

根据国家标准《电磁环境控制限值》（GB 8702—2014）中规定的公众暴露控制限值，判断电磁炉的电磁辐射值是否达标。

6. 质量保证

（1）监测点位置的选取应符合规范要求。

（2）监测所用仪器应与所测对象在频率、量程、响应时间等方面相符合。监测仪器应定期校准，并在其证书有效期内使用。每次监测前后均检查仪器，确保仪器在正常工作状态。

（3）应建立完整的监测文件档案。

实践项目 2.8　计算机电磁辐射的监测

1. 方法简介

近年来，随着计算机科学和工业的发展，计算机已经成为高校大学生工作和学习不可缺少的重要工具。然而，由于大学生宿舍空间有限，计算机摆放集中，且大学生使用计算机的时间较长，这就增加了计算机电磁辐射对大学生的潜在危害。对大学生宿舍内的电磁环境进行监测，有助于评估大学生居住环境的电磁辐射水平，确保大学生的身体健康。

计算机的主要辐射源是视频显示器，长时间在显示器前工作可能导致眼睛疲劳、视力下降和头痛等不良症状。另外，无线网卡发出的电磁辐射属于射频电磁辐射，虽然功率小，但是频率高，也是不容忽视的。

2. 测量仪器

测量仪器包括工频电磁辐射检测仪和高频电磁辐射频谱分析仪，电磁辐射检测仪的测量频率应能覆盖计算机的发射频率。

3. 测量布点

(1) 宿舍环境电磁辐射水平的测量。

测量宿舍环境的电磁辐射水平时，需避免计算机辐射源的直接干扰。分别在房间的 4 个床铺位置以及房间正中央，共设置 5 个监测点，监测点距离地面高度为 1.7 m。监测点与宿舍内任一台计算机的距离在 0.5 m 以上。

(2) 计算机作业人员所受电磁辐射的测量。

计算机对操作人员的电磁辐射威胁主要表现在屏幕对眼睛的伤害，所以需要在操作人员眼睛的高度设置监测点。具体来说，可在计算机屏幕中心正前方 10 cm、20 cm、30 cm 和 40 cm 处进行电磁辐射强度值测定。另外，由于操作计算机时，手部长时间近距离接触键盘和鼠标，因此在对计算机的电磁辐射进行测量时，还需要在鼠标、键盘的正常操作距离处分别设置监测点。

4. 测量方法

(1) 宿舍环境电磁辐射水平的测量。

打开 4 台计算机，待计算机正常工作时，记录 5 个监测点的电场强度测量值(V/m)，计算平均值，作为环境电磁辐射强度。

(2) 计算机作业人员所受电磁辐射的测量。

打开计算机，待计算机正常工作时，记录上述测量点位的电磁辐射强度。

5. 测量记录与结果评价

(1) 测量记录。

宿舍环境电磁辐射的测量数据记录在原始数据记录表中，另外还需记录计算机的品牌、使用年限、辐射强度；测量仪器型号、测量时间、测量人员等，见表 2-23。计算机对计算机使用者的电磁辐射测量原始数据记录在表 2-24 中。

表 2-23　宿舍环境电磁辐射监测值

测量产品名称：_____　品牌：_____　型号：_____
测量仪器型号：_____　测量时间：_____　测量产品使用年限：_____
测量人员：_____

监测点	1	2	3	4	5
监测值/(V·m^{-1})					
平均值/(V·m^{-1})					

表 2 - 24　计算机屏幕前方不同测点处电磁辐射强度值

不同测点处电磁辐射强度值/$(V \cdot m^{-1})$					
鼠标处	键盘处	显示器屏幕前 10 cm	显示器屏幕前 20 cm	显示器屏幕前 30 cm	显示器屏幕前 40 cm

（2）结果评价。

按照《电磁环境控制限值》(GB 8702—2014)，对宿舍整体的电磁环境和计算机操作者所受电磁辐射进行评价。注意大学生宿舍属安全区，需按一级标准进行评价。所测计算机电磁辐射频率范围涵盖了长波、中波、短波、超短波、微波，属于标准中的混合波段，其综合电场强度标准限值由复合场强加权确定。

6. 质量保证

（1）监测所用仪器应与所测对象在频率、量程、响应时间等方面相符合。监测仪器应定期校准，并在其证书有效期内使用。每次监测前后均检查仪器，确保仪器在正常工作状态。

（2）测点位置应符合测量规范的要求。

03

第3章 放射性污染的监测

知识基础 3.1 放射性污染

3.1.1 放射性污染

　　环境放射性污染是指因人类的生产、生活排放的放射性物质所产生的电离辐射超过环境放射标准，而危害人体健康的一种现象。电离辐射指的是可引起物质电离的辐射，如 α 射线、β 射线、γ 射线、中子辐射、X 射线、氡等。

　　α 射线是由氦离子组成的。氦离子带 2 个正电荷、2 个质子和 2 个中子，质量数为 4，质量比较大。因此，虽然 α 射线从原子核发射出来的速度在 $(1.4 \sim 2.0) \times 10^{11}$ cm/s 之间，但是它们的穿透力极低。室温时，α 射线在空气中的行程不超过 10 cm，用一张普通纸就能够挡住。因此，我们只需要稍微保持操作距离，即可免受 α 射线的危害。需要注意的是，在射程范围内 α 粒子具有极强的电离作用。

　　β 射线是由带负电的 β 粒子组成的，β 粒子实际上就是电子。β 射线的运动速度通常为光速的 $30\% \sim 90\%$。它的穿透力比 α 射线强，在一般情况下，能够在空气中飞行上百米，使用几毫米厚的铝片就可以有效挡住 β 射线。β 粒子的穿透能力与其运动速度有关。由于 β 粒子的质量较轻，因此其电离能力远远弱于 α 粒子。

　　γ 射线实际上是一种光子，其速度与光速相同。与 X 射线一样，γ 射线具有极强的穿透能力，对人体的危害最大，因此需要使用铁、铅和混凝土等材料进行屏蔽。

3.1.2 放射性污染的来源

　　环境中的放射性污染来源于天然的和人为的放射性核素。

1. 天然放射性污染源

地球在形成时就是包含了许多天然放射性物质的，也就是说，地球本身就是一个辐射体。因此，地球上任何形式的生物都不可避免地受到天然辐射源的照射，也就是说，地球上的每一个角落、每一种介质（空气、岩石、土壤、水、动植物）无不包含天然放射性物质。所以，放射性是一种极普遍的现象，人类正是在天然放射性环境中进化、生存和发展的。

人类受到的天然辐射有两种：一是来自地球以外的宇宙射线，是一种来自宇宙空间的高能粒子流；二是来自地球本身所含的各种天然放射性元素，即天然放射性核素，如土壤、水、空气和人体内均具有一定的放射性。

（1）土壤和岩石中的天然放射性。

土壤主要由岩石的侵蚀和风化作用而产生，因此，其放射性也由岩石转移而来。岩石和土壤中的放射性核素含量变动很大，主要取决于岩石和土壤的种类和性质。土壤和岩石的来源、地理位置、水文条件、气候以及土地的历史利用等因素都会影响土壤中天然放射性核素的含量。农业活动尤其会对这些核素的浓度产生影响，这主要是因为一些农业肥料含有放射性核素，例如钾肥含有 ^{40}K，而磷肥则含有较高水平的铀和镭。因此，使用这些肥料会增加土壤中放射性核素的浓度。此外，肥料的使用也会影响土壤中天然放射性核素的化学形态，从而影响这些核素的物理迁移行为和生物体吸收特性。

（2）地表水中的放射性。

海水中主要的放射性核素是 ^{40}K、铀、钍和镭，含量与所处地域、流动状态、淡水和淤泥入海情况有关。地表水系含有的放射性核素往往与所接触的岩石类型、土壤核素含量、水文地质、大气交换等因素有关。据报道，各种内陆河中天然铀的浓度范围在 $0.3 \sim 10\ \mu g/L$，平均为 $0.5\ \mu g/L$。一般地下水所含放射性核素高于地面水，且铀、镭的含量变化比较大。地球上任何一个地方的水或多或少都含有一定量的放射性核素，并通过饮用对人体构成内照射。

（3）空气中的放射性。

空气中的天然放射性核素主要是氡和钍，可能来自地壳岩石中的铀系和钍系放射性元素。这些放射性气体很容易附着在空气颗粒上，形成放射性气溶胶。空气中的天然放射性浓度受季节影响较大，在冬季，工业城市的放射性浓度通常较高，夏季则较低。另外，大气中的放射性元素还与气象条件有关，日出前浓度最高，中午较低，二者可相差 10 倍以上。地下空间，如山洞和矿穴，以及铀和钍矿床附近的放射性浓度通常更高。此外，室内空气中的放射性浓度通常高于室外，这与建筑物结构和室内通风情况有关。

（4）动植物和人体内的放射性。

任何动植物和人体组织中都含有一些天然放射性核素，这主要是因为动植物和人体都参与环境的物质交换。例如，植物从土壤、水和肥料中获取养分，动物从饲料和饮水中获取养分，在养分摄入的过程中，环境中的放射性核素就进入了动植物体内。同样的道理，人体内的放射性是由于大气、土壤和水中含有的一定量的放射性核素，通过人的呼吸、饮水和食物不断地把放射性核素摄入体内引起的。进入人体的微量放射性核素分布在全身各个器官和组织，对人体产生内照射剂量。宇宙放射性核素对人体能够产生较显著剂量的有 ^{14}C、^{7}Be、^{22}Na 和 ^{3}H。以 ^{14}C 为例，人体内 ^{14}C 的平均浓度为 $227\ Bq/kg$。^{3}H 在人体内的平均浓度与地表水的浓度接近为 400 Bq/m³ 水。由于钾是构成人体重要的生理元素，因此 ^{40}K 是对人体产生较大内照射剂量的天然放射性核素之一。

尽管人体暴露于天然放射线环境中，但这并没有对人类生活造成不良影响。事实上，从人类诞生到现在，我们一直生活在这种自然辐射环境中，而并未出现明显的负面影响。

2. 人工放射性污染源

对人类和环境影响最大的是人工放射性污染源，其主要来源是生产和应用放射性物质的单位所排出的放射性废物，以及核武器爆炸、核事故等产生的放射性物质，具体来说有以下几个方面。

（1）核试验的沉降物。

核试验是全球放射性污染的主要来源之一。在大气层进行核试验时，释放的放射性颗粒会随着空气流动最后沉积到地表，对大气、海洋、陆地、生物和人类健康造成污染。这些放射性颗粒在大气中的扩散导致了全球性的环境污染。大部分放射性碎片会沉积到地球表面，尤其是在平流层下方，未完全衰变的放射性物质会存留在土壤、农作物和动物体内。自 1963 年起，由于意识到大气核试验的危害，许多国家开始将核试验转移到地下进行。然而，即使在地下进行核试验，仍然存在事故风险。自核试验转入地下后，在美国内华达州丝兰山脉共进行了 500 次左右的地下核爆炸，其中有 62 次发生了程度不同的事故。根据美国能源部的事故分类，53 次属于"辐射泄漏或渗漏"，7 次属于"严重辐射泄漏"。其中最严重的一次是 1970 年 12 月 18 日爆炸的代号为"贝恩巴里"的 1 万吨级核弹。这颗核弹安置在深 900 英尺、直径 86 英寸的竖井中，爆炸以后，相当于 300 万居里的放射性物质，在 24 小时内喷射到 8000 英尺高的大气层，其放射性尘埃一直飘到北达科他州。

（2）核工业"三废"。

原子能工业在核燃料的生产、使用和回收过程中都会产生所谓的废水、废气和废渣，这些废物会对周围环境造成污染。举例来说，核燃料的生产过程包括从铀矿开采到冶炼，再到核燃料的精炼和加工，这个过程产生的放射性废水和废物对环境造成影响。

（3）核事故导致的放射性废物泄漏。

操作使用放射性物质的单位，出现异常情况或意想不到的失控状态称为核事故。核事故发生时，会有大量的放射性物质泄漏到环境中去，造成非常严重的污染。

半个世纪以来，曾发生过多次核泄漏事件：① 1966 年 1 月 15 日，美国战略空军司令部的两架空中加油机，在西班牙沿海上空进行空中加油训练时相撞，导致火球爆炸，包括 4 枚氢弹在内的飞机残骸散落，造成严重影响。② 1968 年 1 月 21 日，一架美国轰炸机坠毁在附近的海冰上，造成飞机装载的核弹破裂，导致大范围的放射性污染。③ 1979 年 3 月 28 日，在美国宾夕法尼亚州三里英岛核电站发生严重放射性物质泄漏事故，是核能史上第一起反应堆堆芯熔化事故。④ 1985 年 8 月，苏联一艘巡航导弹核潜艇在港口排除故障时误操作引起反应堆爆炸，造成 10 余人死亡，49 人受伤，环境受到污染，艇体严重损坏。⑤ 1986 年 4 月 26 日，切尔诺贝利核电站 4 号反应堆发生爆炸，8 吨多强辐射物质喷涌而出，相当于日本广岛原子弹爆炸产生的放射性污染的 100 倍，是人类历史上最严重的核事故。⑥ 1987 年 9 月，巴西戈亚尼亚一家私人医院乔迁时将 ^{137}Cs 远距治疗装置留在原地，被两名清洁工误拆卸泄漏，事故导致 4 人 4 周内死亡，249 人发现受到辐射，85 间房发现被污染，产生 5000 m³ 放射性废物，社会影响巨大。⑦ 1993 年 4 月，托木斯克市西伯利亚化学企业公司的后处理设备和建筑物损坏，导致放射性核素(包括钚-239)释出。⑧ 1999 年 9 月 30 日，日本东海村 JCO 公司的一座铀转换厂发生了核临界事故。⑨ 2011 年 3 月 11 日，日本东北部海域发生地震海啸，导致日本福岛第一核电站发生核泄漏事故。此次事故产生的核污水在事故发生 12 年以后公开排入太平洋，对环境和人类健康造成了巨大的威胁。

根据核事件的严重程度，国际原子能机构将其分为 7 个等级。7 级为特大事故，例如 1986 年切尔诺贝利核电厂事故，导致核裂变废物在广大地区外泄，造成长期广泛的健康和环境影响。6 级是重大事故，如 1957 年克什姆特的后处理厂事故，需实施全面应急计划。5 级是具有厂外危险的事故，需要部分应急计划，例如 1979 年的三里英岛核电厂事故。4 级是设备内的事故，有放射性外泄，工作人员受影响。3 级是少量放射性外泄，工作人员可能受到辐射而产生急性健康效应。2 级不会影响动力厂安全，1 级是超出许可范围的异常事件，无风险，但安全措施可能存在问题。0 级是低于以上 7 个等级的没有安全意义的事件。

(4) 工农业、科研、医疗部门的核废物排放。

工农业、科研、医疗部门使用放射性核素非常广泛，其排放的废物也是主要人为污染源之一，例如医学上使用放射性核素诊断和治疗癌症，发光钟表工业应用放射性同位素做长期的光致发光，科研部门利用放射性同位素进行追踪实验，稀土金属和其他共生金属矿的开采、提炼产生放射性"三废"等。

在医疗领域中，使用射线进行诊断检查时，患者所受的局部辐射剂量存在较大差异，通常比自然辐射源的年平均剂量高出 50 倍左右。而在辐射治疗时，个人所接受的辐射剂量则可能高达数千倍，通常集中施加在人体的特定部位，治疗周期通常持续几周。诊断和治疗中使用的辐射主要是外部照射，也可以通过摄入放射性药物实现内部辐射。射线诊断和治疗在现代医学中占据十分重要的地位，但是射线带来的风险也是不容忽视的，射线检查和治疗的副作用一直是医学研究的重要课题之一。近几十年来，随着人们对医用辐射潜在风险的认识不断增强，人们对待放射性检查和治疗的态度越来越谨慎。2023 年，*Nature* 子刊发表了一篇研究论文，发现儿童 CT 会明显提高儿童癌症的发病率。基于此研究，一些专家不建议例行体检中使用射线检查，射线检查和治疗只有在必要时使用。另外，人们寄希望于寻求既能满足诊断需求，又能使患者所受辐射剂量最小化的方法，近些年这类研究也取得了一些进展。

(5) 一般居民消费用品。

一般居民消费用品包括含有天然或人工放射性核素的产品，如放射性发光表盘、夜光表及彩色电视机等。虽然它们对环境造成的污染很小，但也有研究的必要。近些年，一些不法分子打着治理室内装修污染的幌子，推出了一种"负离子粉"，它其实是具有强烈辐射的，作为装修材料，对人体危害非常大。另外，也有一些国外传入的"能量健康石"，商家谎称其有益健康，具有延年益寿的功效，而卖出高价，实则其具有强放射性，危害巨大。

放射性污染及其来源

3.2.1　辐射危害的机理*

细胞成分中 97% 为水分，辐射作用于人体细胞时，主要影响细胞内的水分子，使其发生电离并产生一些对染色体有害的物质，导致染色体发生畸变。这种损伤会改变细胞的结构和功能，进而引发放射病、眼晶状体白内障或晚发性癌等临床症状。产生辐射损伤的过程极其复杂，大致分为 4 个阶段，如图 3-1 所示。

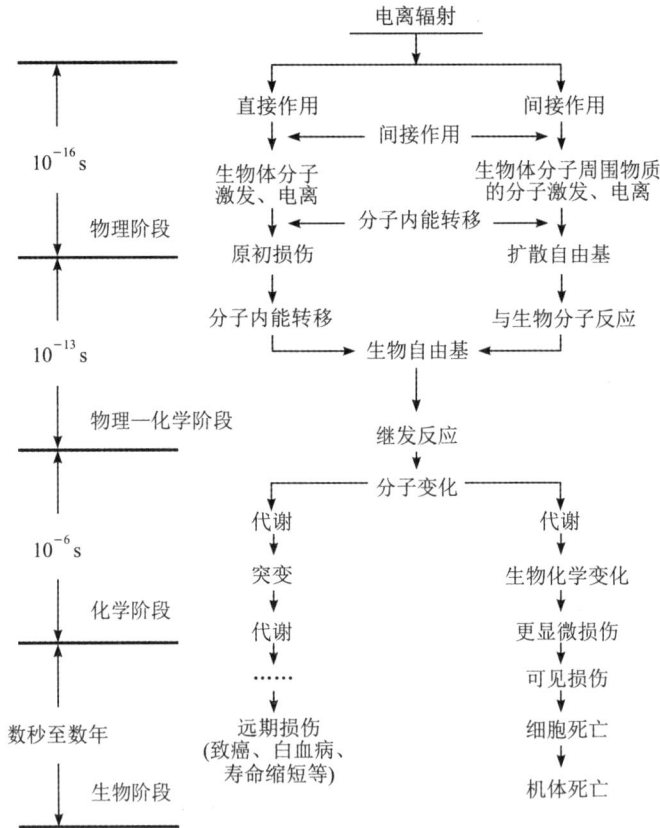

图 3-1　产生辐射损伤的过程

1. 物理阶段

物理阶段只持续很短时间（约 10^{-16} s），在此阶段，能量在细胞内聚集并引起电离，在水中的作用过程为

$$H_2O \longrightarrow H_2O^+ + e^-$$

2. 物理—化学阶段

物理—化学阶段大约持续 10^{-13} s，离子和其他水分子作用形成新的产物。正离子分解，

或负离子附着在水分子上，然后分解。

$$H_2O^+ \longrightarrow H^+ + OH^*$$

$$H_2O + e^- \longrightarrow H_2O^-$$

$$H_2O^- \longrightarrow H^* + OH^-$$

这里的 H^* 和 OH^* 称为自由基，它们有不成对的电子，化学活性很大。H^* 和 OH^* 可生成强氧化剂 H_2O_2。

3. 化学阶段

化学阶段往往持续 10^{-6} s，此时，反应产物和细胞的重要有机分子相互作用，例如，自由基和强氧化剂破坏染色体分子。

4. 生物阶段

生物阶段可持续数秒到数年，可使细胞分裂延迟或停止，最终导致细胞早期死亡或导致细胞永久变态，这种变化可能一直持续到后代细胞。细胞是组成人体的最小单元，辐射对人体产生的各种效应都是由于细胞受到损伤所致。辐射损伤普通细胞会导致个体本身出现伤害，辐射引起的这种对受辐射者本身的影响叫躯体效应。辐射损伤性腺中的细胞，这种损伤可能影响到受辐射者的后代，故称为遗传效应。

（1）躯体效应。

辐射躯体效应分为急性效应和远期效应。急性效应是指受照射者在一次或短时间内接受大剂量辐射后所出现的效应。通常，在核工业正常运行、工作人员遵守操作规程的情况下，不会发生急性效应。这种效应主要发生在超临界事故、违反操作规程或核爆炸时，造成受照射者暴露于大剂量辐射源的情况下。急性效应的早期症状包括恶心、呕吐、腹痛、腹泻、头晕、全身乏力、嗜睡等。在剂量较大的情况下，还可能出现皮肤和内脏出血、骨髓空虚等，甚至导致个别病人的衰竭和死亡。远期效应是指受照射后数年内可能出现的效应。当受到急性照射或长期接受超过安全水平的低剂量辐射时，可能出现远期效应。这些效应主要包括辐射引发的癌症、白血病和寿命缩短等。

（2）遗传效应。

人体的遗传信息由 DNA 决定。通常情况下，DNA 是相对稳定的，但一旦发生突变，就会改变遗传特性，这些突变可能导致后代出现畸形、遗传性疾病或无法存活而死亡。一些研究数据表明，辐射可以增加染色体结构和数量突变的概率，但是辐射引起突变并非存在必然性。即使在大剂量辐射下，遗传特性改变的频率也较低，这给研究辐射的遗传效应带来了很多挑战，即需要大量的研究对象以及观察多代后才能得出一定的规律，因为某些遗传效应可能在第一代后裔中显现，而其他效应可能需要几代才能观察到。对于人类来说，这种研究更加困难，因为受照人群数量有限，目前大部分结论都来自动物实验。尽管动物受照后的效应可能与人类相似，但实验动物的数据用于人类研究时可能存在误差。

总之，射线对人体的危害主要是射线照射人体后，引起机体细胞分子、原子电离，使组织的某些 DNA、蛋白质等大分子结构破坏，进而导致了一系列的生化反应异常以及遗传表达障碍。

3.2.2 放射性污染的危害

1. 环境中的放射性物质

环境中的放射性物质可以对人体产生外照射，也可以通过呼吸道、消化道和皮肤黏膜等多种途径进入人体。通常，每年每人从环境中受到的放射性辐射总剂量不超过 2 mSv(毫希沃特)，其中天然辐射占 50%，其余是人为放射性污染引起的辐射。过量的放射性照射会导致急性的或慢性的放射病，如恶性肿瘤、白血病，以及其他对骨髓、生殖腺等器官的损害。因此，我们有必要关注放射性同位素在环境中的分布、传播以及对人体的危害。例如，一些水生动植物可能富集水中的放射性物质，某些茶叶中的天然放射性元素含量较高，烟草中含有多种放射性物质，如 ^{226}Ra、^{210}Po 和 ^{210}Pb，其中 ^{210}Po 含量较高，每天吸一包半香烟的人，其肺部每年接受的放射性物质相当于接受了 300 次胸部 X 射线照射。此外，一些工厂和医疗机构在使用射线区域内的蔬菜时，这些蔬菜中的放射性物质含量也可能较高。

氡是一种重要的室内污染物，它无色、无味，在室内空气中含量很低，很难被察觉，然而其危害是不容忽视的。氡的危害主要是核辐射产生的生物学效应，氡通过呼吸作用进入人体后，其衰变产生的短寿命放射性核素会沉积在支气管、肺和肾组织中。当这些短寿命放射性核素衰变时，释放出的 α 粒子对呼吸系统上皮细胞造成内部照射损伤，可能引发肺癌等健康问题。同时，氡及其衰变产物释放出穿透力极强的 γ 射线，对人体造成外部照射。因此，虽然氡的直接影响不大，但是通过复杂的生物化学过程可能引发严重的健康问题。例如，当接收到 1 Sv 的辐射剂量时，在生物体内产生的电离激发分子的比例仅为 10^{-8}，但这微小的影响足以导致典型的放射病症状，如呕吐、疲倦和血象变化等。氡的照射通常是慢性的，即使每年接触到 0.1 Sv 的辐射剂量也属于高水平，尽管其直接作用无法察觉，但仍可能增加罹患肺癌的风险。据估算，如果在室内环境中氡浓度达到 370 Bq/m³，那么每1000 人中就会有 30～120 人死于肺癌。

1922 年，古埃及图坦卡蒙法老的陵墓被发掘，在其后 6 年内，相继有 22 名参与古墓发掘工作的考古学家离奇死亡，这引发了法老毒咒传说。据传说，法老在金字塔内施下了毒咒，使闯入者身患毒咒而死。然而，近期，加拿大和埃及的室内环境专家解开了这个近 80 年的谜团。他们发现，金字塔内存在大量的氡气，其具有致命的危险性，导致接触者患上肺癌并丧生。专家的研究表明，这种致命的氡气是由金字塔内的石块和泥土中衰变的铀元素释放而来。室内环境专家巴克斯特指出，正是这些高浓度的氡气损害了当时埃及考古学家的健康。

长期接触过量的放射性物质可能导致健康问题，但这种危害是逐渐积累的，而且需要高于一定的辐射强度才可能出现。举例来说，对从事铀作业的工人进行了长达 8 年的观察，发现他们的健康状况与工作年限或空气中铀尘的浓度(低浓度范围)没有明显相关性。因此，一般环境中微量放射性核素的照射通常不会造成损伤，只有在放射性物质过量时才可能引起危害。不同场合和不同辐射量的照射可能导致不同后果，具体情况见表 3-1。

表 3－1　不同辐射量照射的后果及不同场合所受的辐射量

辐射量/Sv	后　果
4.5～8.0	30 天内将进入垂死状态
2.0～4.5	掉头发,血液发生严重病变,一些人在 2～6 周内死亡
0.6～1.0	出现各种辐射疾病
0.1	患癌症的可能性为 1/130
5×10^{-2}	每年工作所遭受的核辐射量
7×10^{-3}	大脑扫描的核辐射量
6×10^{-4}	人体内的辐射量
1×10^{-4}	乘飞机时遭受的辐射量
8×10^{-5}	建筑材料每年所产生的辐射量
1×10^{-5}	腿部或者手臂进行 X 射线检查时的辐射量

2. 急性放射病

急性放射病是由于大剂量急性辐射照射引起的,这种大剂量的急性照射通常只有在核事故或核战争等意外事件中才会出现。根据辐射的作用范围,急性辐射损伤可分为全身性和局部性两种类型。全身性辐射损伤是指整个身体受到均匀或不均匀大剂量急性辐射照射导致的一种全身性疾病,通常在照射后的几小时或几周内出现。急性照射损伤的发展过程和主要症状在表 3－2 中有详细描述。根据辐射剂量的大小,主要症状、病程特点和严重程度,全身性辐射损伤可分为骨髓型、肠道型和脑型三类。局部性辐射损伤是指当机体或某一组织受到外部辐射照射时产生的某种损伤,这种损伤在放射治疗中也可能出现。例如,接受单次 3 Gy β 射线或低能 γ 射线照射后,皮肤可能会出现红斑,剂量更大时可能出现水疱、皮肤溃疡等病变。

表 3－2　急性放射病主要临床症状及经过

受辐射照射后经过的时间	症　状		
	700 R 以上	300～550 R	100～250 R
第一周	最初数小时恶心、呕吐、腹泻	最初数小时恶心、呕吐、腹泻	第一天发生恶心、呕吐、腹泻
第二周	潜伏期(无明显症状)	潜伏期(无明显症状)	潜伏期(无明显症状)
第三周第四周	腹泻、内脏出血、絮凝、口腔或咽喉炎、发热、急性衰弱、死亡(不经治疗时死亡率为 100%)	脱毛、食欲减退、全身不适、内脏出血、紫癜、皮下出血、鼻出血、苍白、口腔或咽喉炎、腹泻、衰弱、消瘦,更严重者死亡(不经治疗时 450 R 的死亡率为 50%)	脱毛、食欲减退、不安、喉炎、内出血、紫癜、皮下出血、苍白、腹泻、轻度衰弱(如无并发症,三个月后恢复)

3. 远期影响

远期影响主要是慢性放射病和长期小剂量照射对人体健康的影响。

慢性放射病是由多次照射、长期暴露于辐射的累积效应所致。受辐射者可能在数年或数十年后出现多种健康问题，包括白血病、恶性肿瘤、白内障、生长发育受阻、生育能力下降等长期身体影响。此外，可能还会引发人群胎儿性别比例变化、先天畸形、流产、死胎等遗传影响。慢性放射病的危害程度取决于辐射暴露的时间和剂量，其影响属于随机性效应。

小剂量外部照射通常包括低于剂量限值的职业性辐射暴露、医疗用途中的 X 射线检查、受放射性物质污染环境的大众照射以及生活在高放射性本底区域的居民所接受的辐射。这种小剂量、长时间的辐射暴露主要导致远期效应，这些效应是非特异性的，并且大多数有一个潜伏期，发生率相对较低。为了评估小剂量辐射对人体可能造成的影响，常采用统计方法对大量人群进行研究。此外，动物实验也被用来估计辐射对人体的潜在影响。小剂量辐射导致的生物效应，如机体的损伤与修复，细胞、组织或机体的适应性，以及敏感性与抵抗性之间的相互作用，是相当复杂的。在某些情况下，受轻微辐射损伤的生物体可能不会显示出明显的损伤症状，受损的部分可能会通过自我修复机制恢复。但是，如果损伤严重，就可能出现明显的辐射损伤症状，并且随着辐射剂量的增加，损伤范围可能从细胞级别扩展到分子级别。

目前，关于人类小剂量辐射效应的直接数据相当有限。为了量化了解小剂量辐射对人体的潜在影响，还需要进行大量的科学实验、调查研究以及长期观察，积累相关数据并进行科学分析。

放射性污染的危害(一)　放射性污染的危害(二)　　　放射性污染事故

知识基础 3.3　　放射性检测实验室和检测仪器

3.3.1　放射性检测实验室

由于放射性物质比普通污染物质危害性更大，为了保证监测人员的安全，防止污染环境，对放射性测量实验室有特殊的设计要求，并需要制定严格的操作规定。

放射性测量实验室分为两个部分：一部分是放射性化学实验室，另一部分是放射性计量实验室。放射性化学实验室是进行放射性样品预处理的实验室，放射性计量实验室是进行放射性样品测量的实验室。

1. 放射性化学实验室

一般，放射性样品的预处理都应在放射性化学实验室内进行。为了保证监测人员的健

康安全和检测结果的准确性,放射性化学实验室在设计时应符合如下要求:

(1) 墙壁、门窗、天花板等要涂刷耐酸油漆。

(2) 电灯和电线应装在墙壁内。

(3) 有良好的通风设施,大多数处理样品操作应在通风橱内进行,通风马达要装在管道外。

(4) 地面及各种家具面要用光平材料制作,操作台面上应铺塑料布。

(5) 洗涤池最好不要有尖角,放水用足踏式水龙头,下水管道尽量少用弯头和接头等。

以上这些措施的主要目的是防止放射性粉尘在实验室内蓄积,造成实验室内的放射性污染。

此外,实验室工作人员要养成严谨、整洁、规范的优良工作习惯,工作时穿戴防护服、手套、口罩,佩戴个人剂量仪等;操作放射性物质时用夹子、镊子、盘子、铅玻璃屏等器具,工作完毕后立即清洗所用器具并放在固定地点,还需洗手和淋浴;实验室必须经常打扫和整理,配置有专用的放射性废物桶和废液缸。对放射源要有严格的管理制度,实验室工作人员要定期进行体格检查。

上述要求的宽严程度也随实际操作放射性水平的高低而异。若仅仅用于处理具有微量放射性的环境样品,上述各项要求可以适当放宽或省略。

2. 放射性计量实验室

放射性计量实验室是专门用于放射性样品测量的实验室,配备有精密的放射性计量仪器和设备。为了保证检测结果的可靠性,在设计和建造放射性计量实验室时,必须考虑放射性本底的问题。实验室内的放射性本底来源于环境中的方方面面,包括地球本身、宇宙射线和建筑材料,甚至是测量用屏蔽材料中微量的放射性物质,以及邻近放射性化学实验室的辐射污染等。为了消除或降低本底的影响,通常采取两种主要措施:一是针对不同来源采取相应的措施,将本底降至最低水平;二是通过数据处理,对测量结果进行校正。此外,放射性计量实验室的供电电压和频率要求非常稳定,各种电子仪器应具有良好的接地线和有效的电磁屏蔽,室内保持合适的温度和湿度。

3.3.2　放射性污染检测仪器

常用的检测器有电离型检测器、闪烁检测器和半导体检测器。

1. 电离型检测器

电离型检测器是利用射线通过气体介质使气体发生电离的原理制成的探测器,包括电流电离室、正比计数管和盖革计数管三种。

(1) 电流电离室。电流电离室的工作原理如图 3-2 所示,射线与气体发生电离作用,产生电离电流,且射线强度与电离电流的大小成正比,通过测定电离电流的大小即可得到射线强度。由于电离作用产生的电离电流比较小,电流大小与射线种类无关,因此电流电离室的检测灵敏度不高,适用于测量强放射性,且不能用于甄别射线类型。

(2) 正比计数管。正比计数管将初级电离产生的电子加速,使其高速碰撞气体分子,继而发生多级电离,产生"电子雪崩",使电流放大 10^4 倍,因此正比计数管的灵敏度比电流电离室高很多。正比计数管用于 α 粒子和 β 粒子计数,具有性能稳定、本底响应低等优点。

（3）盖革计数管。盖革计数管（图3-3）是应用最广泛的放射性检测器，用于检测β射线和γ射线强度。这种计数器对进入灵敏区域的粒子有效计数率接近100%，但是对不同射线都给出大小相同的脉冲，因此不能用于区别不同的射线。

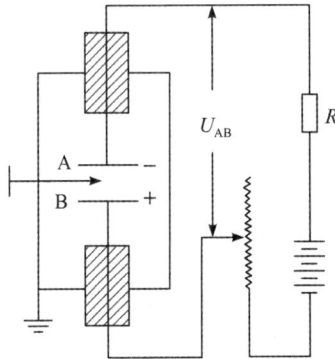

图3-2　电流电离室示意图　　　　　图3-3　盖革计数管

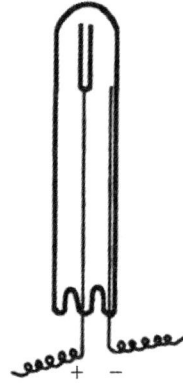

2. 闪烁检测器

闪烁检测器通过测量射线与物质作用发生的闪光而实现射线的测量。闪烁检测器的核心元件是闪烁体，其原子或分子受到射线照射获取能量后会被激发而发射光子。光子在灵敏阴极上打出光电子，经过倍增放大后在阳极上产生电压脉冲，此脉冲还是很小的，需再经电子线路放大和处理后记录下来。

3. 半导体检测器

半导体检测器的原理是当放射性粒子射入这种元件后，产生电子—空穴对，电子和空穴受外加电场的作用，分别向两极运动，并被电极所收集，从而产生脉冲电流，再经放大后，由多道分析器或计数器记录。半导体检测器可用于测量α、β和γ射线的辐射。常用放射性检测器及其特点见表3-3。

表3-3　常用放射性检测器及其特点

射线种类	检 测 器	特　　　点
α	闪烁检测器	检测灵敏度低，检测面积大
	正比计数管	检测效率高，技术要求高
	半导体检测器	本底小，灵敏度高，检测面积小
	电流电离室	检测较大放射性活度
β	正比计数管	检测效率较高，装置体积较大
	盖革计数管	检测效率较高，装置体积较大
	闪烁检测器	检测效率较低，本底小
	半导体检测器	检测面积小，装置体积小
γ	闪烁检测器	检测效率高，能量分辨能力强
	半导体检测器	能量分辨能力强，装置体积小

放射性测量实验室　　放射性污染的检测仪器

知识基础 3.4　　放射性污染检测技术

3.4.1　放射性监测的分类

放射性监测按照监测对象可以分为以下几种：

（1）现场监测，即对放射性物质生产或应用单位内部工作区域所做的监测。

（2）个人剂量监测，即对放射性专业工作人员或公众做内照射和外照射的剂量监测。

（3）环境监测，即对放射性生产和应用单位外部环境，包括空气、水体、土壤、生物、固体废物等所做的监测。

3.4.2　放射性监测的内容

在环境监测中，主要测定的放射性核素有以下几种：

（1）α 放射性核素，即 ^{239}Pu、^{226}Ra、^{222}Rn、^{224}Ra、^{210}Po、^{222}Th、^{234}U 和 ^{235}U。

（2）β 放射性核素，即 ^{3}H、^{90}Sr、^{89}Sr、^{134}Cs、^{137}Cs 和 ^{60}Co。这些核素在环境中出现的可能性较大，其危害性也较大。

对放射性核素具体测量的内容包括以下几项：

（1）放射源强度、半衰期、射线种类及能量。

（2）环境和人体受放射性物质含量、放射性强度、空间照射量或电离辐射剂量。

3.4.3　放射性监测的方法

监测的一般步骤包括样品采集、样品预处理、样品总放射性或放射性核素的测定。

1. 样品采集

（1）空气样品的采集。

大气放射性沉降物包括干沉降物和湿沉降物，主要来源于大气层核爆炸所产生的放射性尘埃，小部分来源于人工放射性微粒。对于放射性干沉降物样品，可用水盘法、粘纸法和高罐法采集。

① 水盘法：用不锈钢或聚乙烯塑料制成圆盘形水盘，盘内装有适量稀酸，沉降物过少的地区再酌情加入数毫升硝酸锶或者氯化锶载体。将水盘置于采样点 24 h，应始终保持盘底有水。采集的样品经过浓缩、灰化等处理后，做总放射性测量。

② 粘纸法：将涂一层油（可以用松香加蓖麻油等）的滤纸贴在圆形盘底部，涂油面向

外,放在采样点 24 h,然后再将粘纸灰化,进行总放射性测量。

③ 高罐法:用一不锈钢或聚乙烯圆柱形罐暴露于空气中采集沉降物,因罐壁高,无须加水,可用于长时间收集沉降物。

湿沉降物是指随雨(雪)降落的沉降物。其采集方法除上述方法外,常用一种能同时对雨水中核素进行浓集的采样器。放射性气溶胶的采集常用滤料阻留采样法,它是通过抽气让气溶胶通过滤膜,使大气中细颗粒物与气体分开的一种方法,其原理与大气中颗粒物的采集相同。

放射性气体样品的采集通常使用富集浓缩采样器,它通过将放射性气体吸附在滤膜或某种材料上实现样品采集。

(2)放射性水样的采集。

放射性工作场所排出的废水包括一般工业废水和放射性废水,它们都要进行水中放射性物质的测定,以判断其排放是否符合国家规定的排放标准。取一定体积水样,每个点取 3 个平行样品,过滤,除去固体物质,滤液加硫酸酸化,蒸发至干,在不超过 350 ℃温度下灰化,将灰化后的样品移入测量盘中并铺成均匀薄层,测量水样的放射性活度。

(3)土壤样品的采集。

对于放射性工作场所附近的土壤,要进行放射性检测,以便了解附近土壤的污染情况。如图 3-4 所示,在采样点选定的范围内,用对角法或梅花印法,采集 4~5 份土壤样品。采样时用取土器或小刀取 10 cm×10 cm 深 1 cm 的表层土壤。除去土壤中的石块、草类等杂物,在实验室内晾干或烘干。移至干净的平板上压碎,铺成 1~2 cm 厚的方块,用四分法反复缩分,直到剩余 200~300 g 土样,再于 500 ℃灼烧,待冷却后研细、过筛备用。

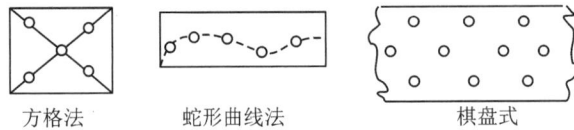

图 3-4 土壤样品采集布点方法

方格法　　蛇形曲线法　　棋盘式

(4)植物和动物样品的采集。

在进行植物和动物放射性检测时,其样品的采集和动植物普通污染物的检测基本相同。将新鲜的植物或动物样品称量、晾干、在马弗炉中灰化,然后冷却、称量、研磨并混合均匀,取适量样品置于平板上铺成均匀的薄层,用低本底测量装置进行测量。

2. 样品预处理

对样品进行预处理的目的主要有两方面:一方面是将样品处理成适于测量的状态,并进行浓集,另一方面是去除干扰核素。常用的样品预处理方法有衰变法、有机溶剂溶解法、蒸馏法、灰化法、溶剂萃取法、离子交换法、共沉淀法和电化学法等。

衰变法是指采样后,将其放置一段时间,让样品中一些短寿命的非欲测核素衰变除去,然后进行放射性测量的方法。例如,测定大气中气溶胶的总 α 和总 β 放射性时常用这种方法,即用过滤法采样后,放置 4~5 h。

当用一般的化学沉淀法分离环境样品中的放射性核素,因核素含量很低,不能达到分离目的时,可采用共沉淀法,即加入与该放射性核素性质相近的非放射性元素载体,使二者之间发生共沉淀或吸附共沉淀作用,载体把放射性核素载带下来,达到分离和富集的目的。例如，用 ^{59}Co 作载体沉淀 ^{60}Co，则两者间发生共沉淀；用新沉淀出来的水合二氧化锰作载体沉淀水样中的钚，则两者间发生吸附共沉淀。这种分离富集方法具有简便、实验条件容易满足等优点。

灰化法，对于蒸干的水样、生物样品或土壤样品，可在瓷坩埚内于 500 ℃ 马弗炉中灰化，冷却后称重，再转入测量盘中铺成薄层进行检测。

电化学法是通过电解将放射性核素沉积在阴极上，或以氧化物形式沉积在阳极上的方法。如果使放射性核素沉积在惰性金属片电极上，可直接进行放射性测量；如果将其沉积在惰性金属丝电极上，可先将沉积物溶出，再制备成样品源。

放射性污染样品采集及样品预处理

3. 样品的测定

（1）水样中总 α 和总 β 放射性活度的测定。

取一定体积水样，过滤，除去固体物质，滤液加硫酸酸化，蒸发至干，在不超过 350 ℃ 温度下灰化，将灰化后的样品移入测量盘中并铺成均匀薄层，用闪烁检测器测量水样的总 α 放射性活度，其计算公式为

$$Q_a = \frac{n_e - n_b}{n_s V} \tag{3-1}$$

式中：Q_a——总 α 放射性活度，单位为 Bq/L；

$\quad\quad n_e$——用闪烁检测器测量水样得到的计数率，单位为 计数/min；

$\quad\quad n_b$——空测量盘的本底计数率，单位为 计数/min；

$\quad\quad n_s$——根据标准源的活度计数率计算出的检测器的计数率，单位为 计数/(Bq·min)；

$\quad\quad V$——所取水样体积，单位为 L。

测定水样中的总 β 放射性活度时，样品处理步骤与总 α 放射性活度测定步骤基本相同，但检测器用低本底的盖革计数管，且以含 ^{60}K 的化合物作标准源。

（2）土壤中总 α、总 β 放射性活度的测定。

在选定的采样点范围内，按照土壤样品采集的方法采集 4～5 份样品。清除其中的石块、草类等杂物，然后晾干或烘干。将干燥的土壤样品放在干净的平板上，压碎并铺成 1～2 cm 厚的方块。通过四分法反复将土样分割，直到剩余 200～300 g 的土样。接着，将土样置于 500 ℃ 下灼烧，待其冷却后磨细并过筛备用。取适量的准备好的土样放入测量盘中，平铺成均匀的样品层，然后使用相应的检测器分别进行测量。

（3）大气中氡的测定。

^{222}Rn 是 ^{226}Rn 的衰变产物，为一种放射性惰性气体。用电流电离室通过测量电离电流测定其浓度，也可用闪烁检测器记录由氡衰变时所放出的 α 粒子计算其含量。

$$A_{Rn} = \frac{K(J_c - J_b)}{V} f \tag{3-2}$$

式中：A_{Rn}——空气中 ^{222}Rn 的含量，单位为 Bq/L；

$\quad\quad J_b$——电离室本底电离电流，单位为格/min；

$\quad\quad J_c$——引入 ^{222}Rn 后的总电离电流，单位为格/min；

$\quad\quad V$——采气体积，单位为 L；

$\quad\quad K$——检测仪器格值，单位为 Bq·min/格；

$\quad\quad f$——换算系数，根据 ^{222}Rn 导入电离室后静置时间而定。

（4）大气中各种形态 ^{131}I 的测定。

碘的同位素很多，除 ^{127}I 是天然存在的稳定性同位素外，其余都是放射性同位素。大气中的 ^{131}I 以元素、化合物等各种化学形态和蒸气、气溶胶等不同状态存在，因此采样方法各不相同。该采样器由粒子过滤器、元素碘吸附器、次碘酸吸附器、甲基碘吸附器和炭吸附床组成。对于例行环境监测，可在低流速下连续采样一周或一周以上，然后用 γ 谱仪定量测定各种化学形态的 ^{131}I。

（5）个人照射剂量的测定。

个人剂量监测是放射性污染监测的重要组成部分，分为个人外照射的测量和个人内照射的测量。

个人外照射剂量监测是通过佩戴个人剂量计进行的测量。这种监测的主要对象是一年内所受外照射剂量可能超过个人剂量限值的 30% 的救援人员，目的是估算个人暴露的剂量当量，以评价是否符合相关的放射性防护标准，以及是否需要采取进一步的防护措施。此外，该监测还可以研究个人接受辐射剂量的趋势和场所条件，以及在特殊辐射暴露或事故情况下的相关信息。

在选择剂量计时，首先要考虑辐射类型、能量、剂量当量的大小和强度以及准确度需求。佩戴位置应根据需要监测的部位而定，通常应将剂量计佩戴在受辐射强度最大的躯干部位。如果四肢，尤其是手部，受到较大剂量，则应在手指处附加剂量计。在穿着防护服工作时，通常需要使用两个剂量计：一个佩戴在防护服内侧，用于估算有效剂量当量；另一个佩戴在防护服外侧，用于估算皮肤的剂量当量。在高照射事故区域进行应急处置时，通常要求使用更多的剂量计，以便及时获取剂量当量信息。简易的直读式剂量计和声光报警仪在这种情况下起着重要作用。在个人外照射剂量监测中，最常用的个人剂量计有热释光剂量计、胶片剂量计、辐射光致发光剂量计。目前，热释光剂量计应用最为广泛。

内照射指的是放射性物质由呼吸道、消化道以及皮肤黏膜进入体内，在体内造成辐射。一般根据事故现场监测结果估算吸入放射性物质的情况，对有健康风险的人员进行内照射测量。内照射的监测方法分为生物检验法和体外直接测量法两类，选择方法取决于放射性污染物质在人体内的代谢规律以及辐射性质等因素。

生物检验法是指通过化验人体的代谢产物，进而估算体内放射性物质含量的方法。生物检验法最有实际意义的样品是尿，其次是粪便，必要时可收集呼出气和鼻擦拭样品等。尿比较容易收集，尿中的放射性核素的含量可以同体内含量联系起来。通常先用化学方法除去干扰核素，再制成一定规格的测量样品，进行活度测量，并估算体内的放射性物质的含量。生物检验法设备简单易用，操作方便，可以采集多个样品进行重复测量，但存在较大的误差。

体外直接测量法是指利用全身计量装置直接测量体内能发射射线的放射性物质的含

量。对于某些难以转移的核素，它们主要沉积在肺部，因此吸入后相当长时间内可能不容易通过尿液检测到，这时使用全身计数器对准肺部进行测量更合适。放射性碘主要集中在甲状腺中，除了可以使用全身计数器来测定全身负荷外，通常也可以利用更为简单的甲状腺计数器直接进行测量。体外直接测量法具有快速、准确的特点，但设备复杂且价格较高。

个人照射剂量的测量

3.4.4　评价标准

近年来，我国对辐射防护标准进行了修订并出台了一些新的符合我国国情的标准，我国强制执行的关于辐射防护的国家标准及规定主要如下。

《建筑材料放射性核素限量》(GB 6566—2010)

《低、中水平放射性废物固化体性能要求——水泥固化体》(GB 14569.1—2011)

《核动力厂环境辐射防护规定》(GB 6249—2011)

《拟开放场址土壤中剩余放射性可接受水平规定(暂行)》(HJ/T 53—2000)

《低、中水平放射性废物近地表处置设施的选址》(HJ/T 23—1998)

《铀矿地质辐射防护和环境保护规定》(GB 15848—2009)

《反应堆退役环境管理技术规定》(GB/T 14588—2009)

《铀矿冶放射性废物辐射环境管理技术规定》(GB 14585—2024)

《放射性废物管理规定》(GB 14500—2002)

《铀矿冶设施退役环境管理技术规定》(GB 14586—1993)

《核燃料循环放射性流出物归一化排放量管理限值》(GB 13695—1992)

《低中水平放射性固体废物的岩洞处置规定》(GB 13600—1992)

《核辐射环境质量评价一般规定》(GB 11215—1989)

《乏燃料运输容器结构分析的载荷组合和设计准则》(GB/T 41024—2021)

《钢制乏燃料运输容器制造通用技术要求》(HJ 1202—2021)

《放射性物品运输容器防脆性断裂的安全设计指南》(HJ 1201—2021)

《放射性物品运输核与辐射安全分析报告书格式和内容》(HJ 1187—2021)

《伴生放射性矿开发利用项目竣工辐射环境保护验收监测报告的格式与内容》(HJ 1148—2020)

《伴生放射性物料贮存及固体废物填埋辐射环境保护技术规范(试行)》(HJ 1114—2020)

《放射性物品安全运输规程》(GB 11806 —2019)

《低、中水平放射性固体废物包安全标准》(GB 12711—2018)

《低、中水平放射性废物高完整性容器——球墨铸铁容器》(GB 36900.1—2018)

《低、中水平放射性废物高完整性容器——交联高密度聚乙烯容器》(GB 36900.3—2018)

《低、中水平放射性废物高完整性容器——混凝土容器》(GB 36900.2—2018)

《研究堆应急相关参数》(HJ 843—2017)

《压水堆核电厂应急相关参数》(HJ 842—2017)

《核燃料循环设施应急相关参数》(HJ 844—2017)

实践项目 3.1　水中^{210}Po 的分析

1. 方法简介

本方法适用于地表水、海水、地下水及核工业排放废水的分析,其测量范围为活度浓度大于 1×10^{-3} Bq/L。金、铂、碲、汞、钒元素是本监测方法的干扰因子,25 μg 的金、铂、碲以及 50 μg 汞、100 μg 钒均可导致^{210}Po 结果偏低。

本方法的原理是在水样中加入已知^{209}Po 示踪剂,以氢氧化铁为载体,吸附载带水中^{210}Po 和^{209}Po。盐酸溶解沉淀后,加入抗坏血酸及盐酸羟胺还原三价铁。在盐酸体系中使^{210}Po 和^{209}Po 自沉积到纯银片上。在 α 能谱仪上测量,根据^{210}Po 和^{209}Po 计数,计算出水中^{210}Po 的活度浓度。

2. 测量仪器和试剂

(1) 测量仪器。

① α 能谱仪,本底小于 1 cph。

② 分析天平,感量 0.1 mg。

③ 磁力加热电动搅拌器。

④ 电热板。

⑤ 烘箱。

在测量前需要对仪器进行刻度,包括能量刻度和效率刻度。

① 能量刻度:使用混合电镀 α 面源对能谱进行能量刻度,保存结果。

② 效率刻度:使用混合电镀 α 面源对能谱进行效率刻度,取平均值作为仪器效率值。

(2) 测量试剂。

① 抗坏血酸($C_6H_8O_6$)。

② 高锰酸钾($KMnO_4$)溶液:2%(m/V)。

③ 浓盐酸(HCl):质量浓度 36.0%～38.0%(m/m)。

④ 盐酸:1 mol/L。

⑤ 盐酸:0.5 mol/L。

⑥ 盐酸:0.1 mol/L。

⑦ 三氯化铁($FeCl_3$)溶液:20 mg Fe/mL,0.1 mol/L 盐酸体系。

⑧ 氨水($NH_3\cdot H_2O$):质量浓度 25%～28%(m/m)。

⑨ 过氧化氢(H_2O_2):质量浓度 30%(m/m)。

⑩ 盐酸羟胺($NH_2OH\cdot HCl$):质量浓度 25%(m/m)。

⑪ 无水乙醇(C_2H_5OH):含量不少于 99.5%(m/m)。

⑫ ^{209}Po 标准溶液:0.1 Bq/mL,1 mol/L 盐酸体系。

⑬ pH 试纸：pH＝0.5～5.5 及 pH＝5.5～9.0。

⑭ 银片：厚度 0.5 mm，直径 21 mm。使用前须将银片一面涂上油漆，另一面用水砂纸抛光，使用清水冲洗干净后晾干待用。

3. 样品采集

水样的采集方法与普通水样采集方法相同：选择有代表性的点采样。河流或湖泊一般选其中心区域采样，自来水采集自来水管末端水，井水采自饮用水井。采样前洗净采样设备，采样时用采样水洗涤三次后采集，尽量避免扰动水体和杂物进入。采集 3 个平行样品，加入浓盐酸酸化，使 pH＜2，带到实验室后静置，过滤，待用。

4. 测量方法

（1）样品测量。

① 准确量取 5 L 已过滤水样，加入 1 mL ^{209}Po 标准溶液，边搅拌边滴加 2～3 滴高锰酸钾溶液，直至水样呈稳定淡紫色，静置 30 min。

② 加入 5.0 mL 三氯化铁溶液，不断搅拌直至溶液均匀，电热板上加热至 600 ℃，取下。

③ 边搅拌边缓慢滴加氨水，直至 pH＝9.2（用精密 pH 试纸测定），每隔半小时搅拌一次，直至无上浮悬液，静置过夜。

④ 倾倒（或虹吸）上清液，过滤。用去离子水清洗烧杯和滤纸 3 次，弃去滤液。

⑤ 用 6～8 mL 盐酸溶解沉淀，滤液收集于 100 mL 烧杯中。依次用 10 mL 盐酸和 5 mL 去离子水清洗滤纸，清洗液合并入烧杯。

⑥ 往烧杯中滴加 2～3 滴过氧化氢，在电热板上微沸 3 min。

⑦ 待溶液稍冷后，加入 2～3 g 抗坏血酸和 0.5 mL 盐酸羟胺，加 30～40 mL 盐酸，控制酸度为 0.2～0.5 mol/L，总体积约为 70 mL。

⑧ 烧杯中置入搅拌磁石、支架、表面皿及银片。整个烧杯置入结晶皿中，加满水，开启加热与搅拌功能，自沉积 1～2 h。

⑨ 取出银片，先用去离子水冲洗，再浸入无水乙醇中浸泡约 20 min。取出，用去离子水冲洗后自然晾干，在涂有油漆面贴上样品标签，再置入 1100 ℃恒温干燥箱中干燥 1 h。

⑩ 银片置入 α 能谱仪上连续计数 48 h。

（2）空白试验。

定期进行空白试验。每当更换试剂时，应进行空白试验；每批样品分析时，应进行空白试验；在正常情况下空白样品的数目不应少于样品分析总数的 5%。其方法如下：

① 分别取 4 个 5 L 去离子水，用盐酸调节 pH＜2，静置。

② 按分析程序的②～⑧条规定的程序完成试验，在 α 能谱仪上测量空白试样的总计数。

③ 计算空白试样计数平均值和标准偏差，并检验其与仪器本底计数在 95% 置信水平下是否有显著性差异。

5. 结果计算

在计算 ^{210}Po 峰位对应感兴趣区内净计数时，应先减去本底谱。水样中 ^{210}Po 活度浓度可以按照下式计算：

$$A_0 = A_1 \frac{N_0}{N_1 V} \qquad\qquad (3-3)$$

式中：A_0——水样中 ^{210}Po 活度浓度，单位为 Bq/L；

A_1——示踪剂 ^{209}Po 活度，单位为 Bq；

N_0——^{210}Po 峰位对应感兴趣区内净计数；

N_1——^{209}Po 峰位对应感兴趣区内净计数；

V—水样体积，单位为 L。

6. 质量保证

（1）仪器在检定的有效周期内使用。

（2）刻度用标准混合电镀面源每年自检 1 次。

（3）^{209}Po 示踪剂标准溶液每年核查 1 次。

（4）定期进行空白试验，每当更换试剂时必须进行空白试验。

《水中钋-210 的分析方法》(HJ 813—2016)

实践项目 3.2　水、牛奶、植物、动物甲状腺中 ^{131}I 的分析

1. 方法简介

水和牛奶样品中 ^{131}I，用强碱性阴离子交换树脂浓集、次氯酸钠解吸、四氯化碳萃取、亚硫酸氢钠还原、水反萃制成碘化银沉淀样。用低本底 β 测量仪或低本底 γ 谱仪测量。

植物样品、动物甲状腺中 ^{131}I，用氢氧化物固定碘、过氧化氢助灰化、水浸取、四氯化碳萃取、水反萃制成碘化银沉淀样。用低本底 β 测量仪或低本底 γ 谱仪测量。

2. 测量仪器和试剂

（1）测量仪器。

① 低本底 β 测量仪：本底小于 1 cpm。

② 低本底 γ 谱仪。

NaIγ 谱仪：尺寸不小于 $\phi7.5$ cm × 7.5 cm 的圆柱形 NaI（Tl）晶体，对 ^{137}Cs 的 661.6 keV 全能峰分辨率小于 9%。

高纯锗 γ 谱仪：灵敏体积应大于 50 cm³，对 ^{60}Co 的 1332.5 keV γ 射线的能量分辨率小于 2.2 keV。

③ 分析天平：可读性 0.1 mg。

④ 电动搅拌器。

⑤ 高频热合机。

⑥ 玻璃交换柱。

⑦ 玻璃解吸柱。

⑧ 玻璃可拆式漏斗。

⑨ 不锈钢压源模具。

⑩ 封源铜圈。

⑪ 研钵锤。

⑫ 瓷蒸发皿：600～750 mL。

（2）测量试剂。

本方法中的试剂纯度均为分析纯及以上纯度，实验用水为蒸馏水或同等纯度的水。

① 碘载体溶液：溶解 13.070 g 碘化钾于蒸馏水中，转入 1 L 容量瓶。加少许无水碳酸钠，稀释至刻度。

② ^{131}I 参考溶液：核纯。

③ 次氯酸钠（NaClO）：活性氯含量 5.2% 以上，低温下保存。

④ 次氯酸钠（NaClO）：活性氯含量 2.6% 以上，低温下保存。

⑤ 四氯化碳（CCl_4）：质量浓度 99.5%。

⑥ 盐酸羟胺溶液：$c(NH_2OH \cdot HCl)=3$ mol/L。

⑦ 硝酸银溶液（$AgNO_3$）：质量浓度 1%。

⑧ 亚硫酸氢钠溶液（$NaHSO_3$）：质量浓度 5%。

⑨ 氢氧化钠溶液（NaOH）：质量浓度 5%。

⑩ 氢氧化钠溶液：$c(NaOH)=1$ mol/L。

⑪ 硝酸（HNO_3）：质量浓度 65.0%～68.0%。

⑫ 硝酸溶液（HNO_3）：1+1。

⑬ 盐酸溶液：$c(HCl)=1$ mol/L。

⑭ 亚硝酸钠溶液：$c(NaNO_2)=5$ mol/L。

⑮ 过氧化氢（H_2O_2）：质量浓度 30%。

⑯ 2 mol/L 氢氧化钠溶液＋2 mol/L 氢氧化钾溶液的混合溶液：3+2。

⑰ 甲醛（CH_2O）：质量浓度 37%。

⑱ 离子交换树脂。

树脂型号有以下两种可以选择：201×7 Cl⁻ 型阴离子交换树脂，20～50 目；251×8 Cl⁻ 型阴离子交换树脂，20～50 目。

将新树脂用蒸馏水浸泡 2 h，洗涤并除去漂浮在水面的树脂。用氢氧化钠溶液浸泡 16 h，弃去氢氧化钠溶液。用蒸馏水洗涤树脂至中性。再用盐酸溶液浸泡 2 h 后，弃去盐酸溶液，树脂转为 Cl⁻ 型。用蒸馏水洗至中性。

在使用时，将树脂装入玻璃交换柱中，柱床高 10.4 cm，柱的上下端用少量聚四氟乙烯细丝填塞。再用 20 mL 蒸馏水洗柱。

树脂使用之后可以通过一定方法进行再生使用，方法如下：用 50 mL 蒸馏水将树脂洗至中性。再用 50 mL 盐酸溶液以 1 mL/min 的流速通过树脂柱，树脂转为 Cl⁻ 型。最后用蒸馏水洗至中性。

3. 样品采集

(1)水样：选择有代表性的点采样。河流或湖泊一般选其中心区域采样，自来水采集自来水管末端水，井水采自饮用水井。采样前洗净采样设备，采样时用采样水洗涤三次后采集，尽量避免扰动水体和杂物进入。

(2)牛奶：采样点设在奶牛场，采集搅拌均匀后的新鲜奶汁，采样前洗净采样设备，采样时用采样奶洗涤三次后采集，样品采集后应立即分析，如需放置时，要在鲜奶中加甲醛防腐，加入量为 5 mL/L。

(3)植物：以当地居民消费较多或种植面积较大的植物为采样对象，于收获季节现场采集，采集后的样品去掉不可食部分，注意保鲜，防止变质。

(4)动物甲状腺：选择健康的禽、畜群体，随机选取若干个体为采样对象，采样时，要防止样品破损，液汁外流，并注意保鲜。

4. 测量方法

(1)碘载体溶液的标定。

在 6 个 100 mL 烧杯中，分别用移液管吸取 5 mL 碘载体溶液，加 50 mL 蒸馏水，在搅拌下滴加硝酸，溶液呈金黄色，加 10 mL 硝酸银溶液。加热至微沸，冷却后用 G4 玻璃砂芯漏斗抽滤。依次用 5 mL 水和 5 mL 无水乙醇各洗 3 次。在烘箱内 110 ℃烘干，冷却后称重。计算碘的浓度。

(2)水样。

① 水样制备。取 10 L 环境水样品于 20 L 聚乙烯塑料桶中，调 pH 为 6.5～7.0，经澄清后，取 4 L 上清液。

② 吸附。在试样中加入 20 mg 碘载体，用电动搅拌器搅拌 15 min。以 50～120 mL/min 流速通过离子交换柱，用蒸馏水洗柱，至流出液中无 I^-。

③ 解吸。用 60 mL NaClO 解吸液，流速为 0.5 mL/min 解吸，解吸的适宜温度控制在 10～32 ℃。解吸液转入 250 mL 分液漏斗中。

④ 萃取。向分液漏斗中加入 20 mL 四氯化碳、6 mL 盐酸羟胺和 5 mL 硝酸，振荡 2 min，四氯化碳呈紫色。振荡过程中注意放气。静置分相，有机相转移到 100 mL 分液漏斗中。用 15 mL 和 5 mL 四氯化碳分别进行第二次、第三次萃取。各振荡 2 min，静置后合并有机相。

⑤ 水洗。用等体积蒸馏水洗涤有机相，振荡 2 min，静置分相，有机相转入另一个 250 mL 分液漏斗中，弃水相。

⑥ 反萃。在有机相中加等体积的蒸馏水，加亚硫酸氢钠溶液 8 滴。振荡 2 min，振荡过程中注意放气。待紫色消退，静置分相，弃有机相。水相移入 100 mL 烧杯中。

⑦ 沉淀。将上述烧杯加热至溶液微沸，除净剩余的四氯化碳。冷却后，在搅拌下滴加硝酸，当溶液呈金黄色时，立即加入 7 mL 硝酸银溶液。加热至微沸，取下冷却至室温。

⑧ 制样。将碘化银沉淀转入垫有已恒重滤纸的玻璃可拆式漏斗抽滤。用蒸馏水和无水乙醇各洗 3 次。取下载有沉淀的滤纸，放上不锈钢压源模具，置烘箱中，于 110 ℃烘干 15 min。在干燥器中冷却后称重。计算化学产额。

⑨ 封样。将沉淀源夹在两层质量厚度为 3 mg/cm² 的塑料薄膜中间，塑料薄膜的本底应在仪器本底涨落范围内，放好封源铜圈。将高频热合机刀压在封源铜圈上，加热 5 s，封好后取下，剪齐外缘，待测。

（3）牛奶。

① 吸附。将牛奶样品搅拌均匀，每份试样 4 L，装入 5 L 烧杯中。加入 30 mg 碘载体，用电动搅拌器搅拌 15 min。加入 30 mL 阴离子交换树脂，搅拌 30 min，静置 5 min，将牛奶转移到另一个 5 L 烧杯中，再加入 30 mL 阴离子交换树脂，重复以上步骤。将树脂合并于 150 mL 烧杯中，用蒸馏水漂洗树脂中残余牛奶。

② 硝酸处理。向装有树脂的烧杯中，加入硝酸溶液 40 mL，在沸水浴中搅拌并沸煮 1 h。冷却至室温，把树脂转入玻璃解吸柱内，弃酸液。加入 50 mL 蒸馏水洗涤树脂，弃洗液。

③ 解吸。向玻璃解吸柱内加入 30 mL 次氯酸钠，用电动搅拌器搅拌 30 min，解吸的适宜温度控制在 10～32 ℃。将解吸液收集到 500 mL 分液漏斗中，重复一次上次解吸程序。再用 15 mL 次氯酸钠和 15 mL 蒸馏水搅拌解吸 20 min，合并 3 次解吸液。用 40 mL 蒸馏水分两次洗涤解吸柱，每次搅拌 3～5 min，将洗液与解吸液合并于 500 mL 分液漏斗中。

④ 萃取。向解吸液中加入 30 mL 四氯化碳、8 mL 盐酸羟胺溶液。在搅拌下加硝酸调水相酸度，至 pH 为 1。pH 测定方法为用精密 pH 试纸从分液漏斗下端管口取少许水相测试。振荡 2 min，静置。把有机相转入 250 mL 分液漏斗中，再重复萃取两次。每次用 15 mL 四氯化碳，合并有机相，弃水相，将有机相转入另一个 250 mL 分液漏斗中。

以下按水样处理⑤～⑨步骤水洗、反萃、沉淀、制样和封样，待测。

（4）植物、动物甲状腺。

① 样品制备。植物样品的制备方法如下：将采集的各种植物样品，称取 250 g 鲜样，切碎，放入 750 mL 瓷蒸发皿中。加 20 mg 碘载体，并按 1 g 样品加入 1 mL 混合溶液的比例，搅拌均匀。样品在电炉上蒸干后，将瓷蒸发皿转移在 450 ℃ 马弗炉内灰化 1 h。冷却、研碎，用 30% 过氧化氢湿润后完全蒸干，放入马弗炉内 450 ℃ 灰化 30 min。如灰仍有明显的碳粒，再加入助灰化剂过氧化氢，继续在马弗炉内 450 ℃ 灰化，直至样品呈灰白色。

动物甲状腺的制备方法如下：称 5 g 甲状腺样品的腺体组织。剪碎，置于 600 mL 瓷蒸发皿中。加入 10 mg 碘载体和 10 mL 混合溶液。搅拌均匀，灰化步骤同植物样品。

② 浸取。将灰样转入 100 mL 离心管，每次用 30 mL 水浸取 3 次。离心，上清液转移到 250 mL 分液漏斗中。

③ 萃取。向分液漏斗中加入 20 mL 四氯化碳、2 mL 亚硝酸钠溶液，逐滴加入硝酸，调水相酸度，至 pH 为 1。振荡 2 min，静置分相。有机相转移到 100 mL 分液漏斗中。用 15 mL 和 5 mL 四氯化碳分别进行第二次、第三次萃取。各振荡 2 min，静置后合并有机相。

以下同水样处理步骤中水洗、反萃、沉淀、制样和封样，待测。

5. 测量记录与结果评价

（1）β 测量。

① 绘制自吸收曲线。

取 0.1 mL 适当活度的 ¹³¹I 参考溶液滴在不锈钢盘内。加 1 滴氢氧化钠溶液，将其慢慢烘干,制成与样品测定条件一致的薄源。在低本底 β 测量仪上测量,其放射性活度为 I_0。

取 6 个 100 mL 烧杯,分别加入 0.5 mL、1.0 mL、1.5 mL、2.0 mL、2.5 mL、3.0 mL 碘载体溶液,加适量蒸馏水。各加入 0.1 mL ^{131}I 参考溶液,在搅拌下滴加硝酸,当溶液呈金黄色时,立即加入 7 mL 硝酸银溶液。加热至微沸,取下冷却至室温。按水样制样和封样的步骤操作制源。将薄源和制备的 6 个沉淀源,同时在低本底 β 测量仪上测定放射性活度。各源的放射性活度经化学产额校正为 I,以 I_0 为标准,求出不同样品厚度的碘化银沉淀源的自吸收系数 E。随后,以自吸收系数为纵坐标,以碘化银沉淀源质量厚度为横坐标,绘制自吸收标准曲线。

② 仪器探测效率。

用已知准确活度的 ^{137}Cs 参考溶液制备薄源,用于测定 β 探测效率。

③ 计算。

用如下公式计算水、牛奶中 ^{131}I 活度浓度:

$$A_\beta = \frac{(N_c - N_b) \times F}{\eta_\beta \times E \times Y \times V \times e^{-\lambda t}} \tag{3-4}$$

式中:A_β——^{131}I 活度浓度,单位为 Bq/L;

N_c——试样测得的计数率,单位为 s^{-1};

N_b——空白试样本底计数率,单位为 s^{-1};

η_β——β 探测效率,单位为 $s^{-1} \cdot Bq^{-1}$;

E——^{131}I 的自吸收系数;

Y——化学产额;

V——所测试样的体积,单位为 L;

λ——^{131}I 的衰变常数,单位为 s^{-1};

t——从采样到开始测量的时间间隔,单位为 s;

F——样品在测量期间的衰变校正因子。

化学产额 Y 的计算公式为

$$Y = \frac{W_1}{W_2} \times 100\% \tag{3-5}$$

式中:W_1——测得样品中碘载体的重量,单位为 mg;

W_2——样品中加入碘载体的重量,单位为 mg。

样品在测量期间的衰变校正因子 F 的计算公式为

$$F = \frac{\lambda \times T}{1 - e^{-\lambda t}} \tag{3-6}$$

式中:λ——^{131}I 的衰变常数,单位为 s^{-1};

T——样品测量时间,单位为 s。

用如下公式计算植物、动物甲状腺中 ^{131}I 活度浓度:

$$A_\beta = \frac{(N_c - N_b) \times F}{\eta_\beta \times E \times Y \times W \times e^{-\lambda t}} \tag{3-7}$$

式中:A_β——^{131}I 活度浓度,单位为 Bq/kg 或 Bq/g;

W——所测试样的重量，单位为 kg 或 g；其余公式同水样和牛奶样品的计算公式。

（2）γ 测量。

① γ 谱仪的效率刻度。

γ 谱仪的效率刻度指在给定测量条件下，建立 γ 射线能量与其全能峰效率的关系曲线，或者确定一些具体核素的刻度系数。

选定的刻度源与待测样品的几何形状和包装盒材料应完全相同，核素含量和能量大小都准确知道，且具备良好的均匀性和稳定性。

刻度源与样品（包括本底样）测量时的几何条件必须保持一致。根据刻度的精度要求确定刻度的全能峰计数，一般要求每条 γ 射线全能峰的总计数不小于 10 000。

用如下公式计算 γ 射线能量为 E 的全能峰效率：

$$\eta_\gamma = \frac{N_s - N_b}{A \times p} \tag{3-8}$$

式中：η_γ——γ 射线能量为 E 的全能峰探测效率，单位为 $s^{-1} \cdot Bq^{-1}$；

A——刻度源在测量时相应核素的活度，单位为 Bq；

N_s——γ 射线能量为 E 的全能峰计数率，单位为 s^{-1}；

N_b——γ 射线能量为 E 的全能峰下相应的本底计数率，单位为 s^{-1}；

p——γ 射线能量为 E 的全能峰的发射概率。

② 在一组全能峰效率 η_γ 和相应能量 E 实验点确定后，用计算机对实验点作最小二乘法拟合求效率曲线，在 50 keV～3 MeV 能量范围内的计算公式为

$$\ln(\eta_\gamma) = \sum_{i=0}^{n-1} a_i \times (\ln E)^i \tag{3-9}$$

式中：η_γ——γ 射线能量为 E 的全能峰探测效率，单位为 $s^{-1} \cdot Bq^{-1}$；

a_i——拟合系数；

$n-1$——拟合阶数，一般取 $n-1=2$ 或 3。

③ 计算。

用低本底 γ 谱仪测量 0.364 MeV 全能峰的计数率。用如下公式计算水、牛奶中 ^{131}I 活度浓度：

$$A_\gamma = \frac{(N_c - N_b) \times F}{\eta_\gamma \times Y \times V \times p \times e^{-\lambda t}} \tag{3-10}$$

式中：A_γ——^{131}I 活度浓度，单位为 Bq/L；

N_c——0.364 MeV 全能峰的计数率，单位为 s^{-1}；

N_b——0.364 MeV 全能峰下相应的本底计数率，单位为 s^{-1}；

η_γ——γ 谱仪的探测效率，单位为 $s^{-1} \cdot Bq^{-1}$；

Y——化学产额；

V——所测试样的体积，单位为 L；

p——0.364 MeV 全能峰的发射概率，可取 81.1%；

λ——^{131}I 的衰变常数，单位为 s^{-1}；

t——从采样到开始测量的时间间隔，单位为 s；

F——样品在测量期间的衰变校正因子。

用如下公式计算植物、动物甲状腺中^{131}I活度浓度：

$$A_\gamma = \frac{(N_c - N_b) \times F}{\eta_\gamma \times Y \times W \times p \times e^{-\lambda t}} \qquad (3-11)$$

式中：A_γ——^{131}I活度浓度，单位为 Bq/kg 或 Bq/g；

$\quad\quad\ W$——所测试样的重量，单位为 kg 或 g。

（3）方法探测下限的计算。

① 低本底 β 测量仪测量。

低本底 β 测量仪测量时，用如下公式计算水、牛奶中^{131}I的探测下限：

$$L_D = \frac{4.65}{\eta_\beta \times Y \times V \times E} \sqrt{\frac{N_b}{t_b}} \qquad (3-12)$$

式中：L_D——^{131}I探测下限，单位为 Bq/L；

$\quad\quad\ \eta_\beta$——β 探测效率，单位为 $s^{-1} \cdot Bq^{-1}$；

$\quad\quad\ Y$——化学产额；

$\quad\quad\ V$——所测试样的体积，单位为 L；

$\quad\quad\ E$——^{131}I的自吸收系数；

$\quad\quad\ N_b$——本底计数率，单位为 s^{-1}；

$\quad\quad\ t_b$——本底测量时间，单位为 s。

用如下公式计算植物、动物甲状腺中^{131}I的探测下限：

$$L_D = \frac{4.65}{\eta_\beta \times Y \times W \times E} \sqrt{\frac{N_b}{t_b}} \qquad (3-13)$$

式中：L_D——^{131}I探测下限，单位为 Bq/kg 或 Bq/g；

$\quad\quad\ W$——所测试样的重量，单位为 kg 或 g。

② 低本底 γ 谱仪测量。

低本底 γ 谱仪测量时，用如下公式计算水、牛奶中^{131}I的探测下限：

$$L_D = \frac{4.65}{\eta_\gamma \times Y \times V \times p} \sqrt{\frac{N_b}{t_b}} \qquad (3-14)$$

式中：L_D——^{131}I探测下限，单位为 Bq/L；

$\quad\quad\ \eta_\gamma$——γ 谱仪的探测效率，单位为 $s^{-1} \cdot Bq^{-1}$；

$\quad\quad\ Y$——化学产额；

$\quad\quad\ V$——所测试样的体积，单位为 L；

$\quad\quad\ p$——0.364 MeV 全能峰的发射概率，可取 81.1%；

$\quad\quad\ N_b$——0.364 MeV 全能峰下相应的本底计数率，单位为 s^{-1}；

$\quad\quad\ t_b$——本底测量时间，单位为 s。

用如下公式计算植物、动物甲状腺中^{131}I的探测下限：

$$L_D = \frac{4.65}{\eta_\gamma \times Y \times W \times p} \sqrt{\frac{N_b}{t_b}} \qquad (3-15)$$

式中：L_D——^{131}I探测下限，单位为 Bq/kg 或 Bq/g；

W——所测试样的重量，单位为 kg 或 g。

6. 质量控制

（1）空白试验。

每当更换试剂时，必须进行空白试验。

① 水样。样品数不能少于 6 个，量取 10 L 蒸馏水于 10 L 下口瓶中。按水样的预处理操作，然后计算空白试样平均计数率和标准偏差，并检验其与仪器本底计数率在 95％ 的置信水平下是否有显著性差异。

② 牛奶。样品数不少于 6 个，取未污染的牛奶样 4 L 于 5 L 烧杯中。按分析步骤牛奶样品的处理操作，然后计算空白试样的平均计数率和标准偏差，并检验其与仪器本底计数率在 95％ 的置信水平下是否有显著性差异。

③ 植物、动物甲状腺。样品数不能少于 6 个，取未被污染的植物样品 250 g，或羊甲状腺 5 g。按植物或动物样品的预处理操作，然后计算空白试样的平均计数率和标准偏差，并检验其与仪器本底计数率在 95％ 的置信水平下是否有显著性差异。

（2）精密度。

本精密度数据是由 3 个实验室对 3 个水平的试样所做的实验确定的。每个实验室对 3 个水平各做 4 个平行测试样品。水样、牛奶、植物和动物甲状腺样品中，各个水平下的均值、重复性和再现性分别见表 3-4、表 3-5、表 3-6、表 3-7。

表 3-4　水样精密度测试结果　　　　　单位：Bq

水平	Ⅰ	Ⅱ	Ⅲ
均值 m	6.38	51.25	112.23
重复性 r	0.78	7.31	13.30
再现性 R	3.25	16.94	29.23

表 3-5　牛奶样精密度测试结果　　　　　单位：Bq

水平	Ⅰ	Ⅱ	Ⅲ
均值 m	6.14	52.10	112.44
重复性 r	0.87	5.91	5.96
再现性 R	1.51	23.90	35.31

表 3-6　植物样精密度测试结果　　　　　单位：Bq

水平	Ⅰ	Ⅱ	Ⅲ
均值 m	7.05	49.93	108.12
重复性 r	0.95	5.99	6.97
再现性 R	2.3	15.23	25.96

表 3-7　羊甲状腺精密度测试结果　　　　　　　　单位：Bq

水平	I	II	III
均值 m	6.57	48.17	109.88
重复性 r	1.74	5.64	11.83
再现性 R	2.8	15.63	17.47

《水、牛奶、植物、动物甲状腺中碘-131 的分析方法》(HJ 841—2017)

实践项目 3.3　环境样品中微量铀的分析——激光荧光法

1. 方法简介

激光荧光法适用于环境水样(地表水、地下水、污染源排放废水)、空气、生物、土壤样品中微量铀的分析。该方法对环境水样中铀的测量范围为 $2.0\times10^{-8}\sim2.0\times10^{-5}$ g/L，对空气样品中铀的测量范围为 $2.0\times10^{-11}\sim2.0\times10^{-8}$ g/m³(空气取样体积为 10 m³ 时)，对生物样品中铀的测量范围为 $1.0\times10^{-8}\sim1.0\times10^{-5}$ g/g 灰(生物样品灰量为 0.05 g 时)，对土壤样品中铀的测量范围为 $1.0\times10^{-7}\sim1.0\times10^{-4}$ g/g(土壤样品量为 0.10 g 时)。本方法的精密度见表 3-8。

表 3-8　激光荧光法的精密度

样品水平/μg	重复性偏差/S_r	重复性/r	再现性偏差/S_R	再现性/R
0.100	0.0081	0.023	0.0086	0.024
1.000	0.1001	0.280	0.1111	0.311
1.500	0.1191	0.334	0.1405	0.393

本方法的测定原理是向液态样品中加入的铀荧光增强剂与样品中铀酰离子形成稳定的络合物，在紫外脉冲光源的照射下能被激发产生荧光，并且铀含量在一定范围内时，荧光强度与铀含量成正比，通过测量荧光强度，计算获得铀含量。

2. 测量仪器和试剂

(1) 测量仪器。

① 铀分析仪：量程范围：$1\times10^{-11}\sim2\times10^{-8}$ g/mL；检出下限：$\leqslant2\times10^{-11}$ g/mL；线性：$r\geqslant0.995$。

② 微量进样器：50 μL、100 μL。

③ 分析天平：可读性 0.1 mg。

④ 石英比色皿：(1×2×4) cm。

⑤ 聚四氟乙烯坩埚(有盖)：20～30 mL。

⑥ 铂坩埚：20 mL。

⑦ 马弗炉：控温精度±3 ℃。

⑧ 空气取样器。

⑨ 酸度计。

（2）测量试剂。

本方法分析时使用的试剂均为分析纯化学试剂，实验用水为新制备的去离子水或蒸馏水。对于微量铀分析方法中使用的试剂应进行铀含量测定，铀含量高于环境水平的试剂不能用于本测量过程。

① 氢氟酸(HF)：质量浓度≥40%。

② 硝酸(HNO₃)：质量浓度 65.0%～68.0%。

③ 硝酸溶液：c(HNO₃)=1 mol/L。

④ 硝酸溶液：1+1。

⑤ 硝酸溶液：1+2。

⑥ 硝酸酸化水：pH=2。

⑦ 高氯酸(HClO₄)：质量浓度 70.0%～72.0%。

⑧ 过硫酸钠(Na₂S₂O₈)。

⑨ 氢氧化钠(NaOH)。

⑩ 氢氧化钠溶液：ω(NaOH)=4%。

⑪ 铀荧光增强剂。

⑫ 抗干扰型铀荧光增强剂使用液(土壤样品测定用)：称取 2.5 g 氢氧化钠，用 100 mL 铀荧光增强剂溶解后，再用水定容至 1000 mL，摇匀，置于塑料瓶中保存备用。

⑬ 八氧化三铀(基准或光谱纯，八氧化三铀含量大于 99.97%)。

⑭ 铀标准贮备溶液：ρ(U)=1.00 mg/mL。购买有标准物质证书的铀标准溶液作为铀标准贮备溶液。或者按照如下方法配置铀标准溶液：将八氧化三铀放至马弗炉中 850 ℃灼烧 0.5 h，取出置于干燥器中冷却至室温。称取 0.1179 g 于 50 mL 烧杯内，用 2～3 滴水润湿后加入 5 mL 浓硝酸，于电热板上加热溶解并蒸发至近干，然后用硝酸酸化水(pH=2)溶解，定量转入 100 mL 容量瓶内，用硝酸酸化水稀释至标线。

⑮ 铀标准中间溶液：ρ(U)=10.0 μg/mL。取 1.00 mL 的 1.00 mg/mL 的铀标准贮备溶液，用硝酸酸化水稀释至 100 mL。

⑯ 铀标准工作溶液：ρ(U)=0.500 μg/mL。取 5.00 mL 的 10.0 μg/mL 的铀标准中间溶液，用硝酸酸化水稀释至 100 mL。

⑰ 铀标准工作溶液：ρ(U)=0.100 μg/mL。取 1.00 mL 的 10.0 μg/mL 的铀标准中间溶液，用硝酸酸化水稀释至 100 mL。

3. 样品采集、运输、保存与预处理

（1）样品采集、运输和保存。

水样、空气、生物样品及土壤样品的采集和保存方法同普通样品的采集和保存方法。其中空气样品采样滤膜为过氯乙烯树脂合成纤维滤布，取样器直径 $\phi100$ mm，取样头距地高 1.5 m，流速 $50\sim100$ cm/s。采样体积根据空气中的铀含量确定，一般不少于 10 m^3，记录采样气温、气压、采样体积时，需换算成标准状况下的体积。采样结束，将滤布存放于样品盒内。

（2）样品预处理。

① 水样的预处理方法。

将水样静置后取上清液为待测样品。如水样有悬浮物，需用孔径 0.45 μm 的过滤器过滤除去，以滤液为待测样品。

② 空气样品的预处理方法。

a. 揭开并弃去采样滤膜纱布，将过氯乙烯树脂合成纤维滤布放入铂坩埚中，置于马弗炉内缓慢升温至 700 ℃，灼烧 1 h。

b. 取出坩埚冷却后，加入 5 mL 硝酸，在电热砂浴上加热，冒烟后，滴加氢氟酸 0.5 mL，继续加热至近干。如果灰分大，可再滴加氢氟酸直至脱硅完全。

c. 取下坩埚，再加入 2 mL 硝酸，蒸发至近干。

d. 用硝酸酸化水洗涤坩埚 3 次，合并于 10 mL 容量瓶中，根据所用铀荧光增强剂的使用条件，以氢氧化钠和硝酸调节滤液 pH 值至合适范围，达到所用铀荧光增强剂使用要求，并定容至容量瓶标线，摇匀后作为待测样品。

③ 生物样品的预处理方法。

a. 将所采集的生物样品通过样品预处理、前处理（包括干燥、炭化、灰化等）手段，得到生物样品灰样。处理方法参照《水、牛奶、植物、动物甲状腺中碘-131 的分析方法》中植物和动物样品的预处理方法。样品处理应当控制好炭化、灰化温度，防止明火，防止样品发生烧结。生物样品灰分析称重时应将灰样混合均匀，并且计算得到灰鲜比或灰干比，即 1 kg 鲜重或干重的生物样品经预处理、前处理后所得的灰重，以 g/kg 表示。

b. 称取 $0.0200\sim0.0500$ g 生物样品灰于 50 mL 的瓷坩埚中，置于马弗炉中 600 ℃ 灼烧至无明显碳粒，取出稍冷后，加入 20 mL 水和 2.0 g 过硫酸钠，于电热板上加热，搅拌，直至气泡冒尽后蒸干。若在蒸干过程中仍有气泡，可稍冷后再加入约 15 mL 水，于电热板上加热直至无气泡后蒸干，固体物完全熔融。取下坩埚，冷至室温，加入 15 mL 水，固体溶解后，稍微加热后转入离心管离心或过滤。用水洗涤容器与不溶物。收集滤液与洗涤液于 25 mL 容量瓶中。弃去不溶物。

c. 根据所用铀荧光增强剂的使用条件，以氢氧化钠和硝酸调节滤液 pH 值至合适范围，并定容至容量瓶标线，摇匀后作为待测样品。

④ 土壤样品的预处理方法。

a. 取一定量通过 140 目筛的土壤样品，于恒温干燥箱内，在 $105\sim110$ ℃ 温度条件下烘烤 2 h，取出置于干燥器冷却至室温。

b. 称取 $0.0100\sim0.1000$ g 样品于 $20\sim30$ mL 聚四氟乙烯坩埚中，用少许水润湿，加

入硝酸 5 mL、高氯酸 3 mL、氢氟酸 2 mL，缓缓摇匀，加坩埚盖，在调温电热板上加热约 1 h，注意控制温度不超过 220 ℃，待样品完全分解后，去坩埚盖蒸发至白烟冒尽。

c. 取下坩埚，稍冷后沿壁加入硝酸 1 mL，再将坩埚置于调温电热板上加热，至样品呈湿盐状，注意控制温度不超过 220 ℃，防止样品干枯。

d. 取下坩埚稍冷后，趁热沿壁加入 5 mL 已预热(60~70 ℃)的(1+2)硝酸，再于电热板上加热至溶液清亮时立即取下，用水冲洗坩埚壁，放至室温，转于 50 mL 容量瓶中，用水洗涤坩埚 3 次，洗涤液合并于容量瓶中，并用水定容至容量瓶标线，摇匀，澄清。

e. 移取 5 mL 澄清样品溶液于 50 mL 容量瓶中，并根据所用铀荧光增强剂的使用条件，以氢氧化钠和硝酸调节滤液 pH 值至合适范围，用水稀释定容至容量瓶标线，摇匀后作为待测样品。

4. 测量步骤

(1) 线性范围确定。

以空白样品，按样品分析步骤操作，测量前按照仪器使用要求，将仪器的光电管负高压调节到合适范围，分数次加入铀标准溶液并分别测定记录荧光强度。以荧光强度为纵坐标，铀含量为横坐标，绘制荧光强度—铀含量标准曲线，确定荧光强度—铀含量线性范围，要求在线性范围内，$r>0.995$。计算荧光强度与铀含量标准比值 B。实际样品采用标准加入法进行测量，并在线性范围内进行。

本方法不要求每次测定时都重新确定线性范围，但如果仪器光电管负高压调整等指标变化或者铀荧光增强剂等试剂更换，以及荧光强度测定值在原确定的线性范围边界，应当重新确定线性范围。

(2) 样品测定。

① 按照仪器操作规程开机并至仪器稳定，检查确认仪器的光电管负高压等指标与确定线性范围时的状态相同。

② 移取 5.00 mL 待测样品溶液于石英比色皿中，置于微量铀分析仪测量室内，测定并记录读数 N_0。

③ 向样品内加入 0.5 mL 铀荧光增强剂(土壤样品测定用抗干扰型铀荧光增强剂使用液)，充分混匀，注意观察，如产生沉淀，则该样品报废。注意：应将被测样品稀释或采用其他方法处理，直至无沉淀产生，方可进入测量步骤。

④ 测定记录荧光强度 N_1。

⑤ 再向样品内加入 50 μL 的 0.100 μg/mL 的铀标准工作溶液。铀含量较高时，加入 50 μL 的 0.500 μg/mL 的铀标准工作溶液。充分混匀，测定记录荧光强度 N_2。

⑥ 检查 N_2 是否处于标准曲线线性范围内，如超出线性范围，应将样品稀释后重新测定。

⑦ 检查 N_2-N_1 与加入的铀标准量的比值是否与标准曲线 B 值相符合。

5. 结果计算

(1) 水样铀含量按如下公式计算：

$$C_水=\frac{(N_1-N_0)\times C_1V_1K}{(N_2-N_1)\times V_0}\times 1000 \tag{3-16}$$

式中：$C_水$——水样中铀的浓度，单位为 $\mu g/L$；

N_0——样品未加铀荧光增强剂前测得的荧光强度；

N_1——样品加铀荧光增强剂后测得的荧光强度；

N_2——样品加铀标准工作溶液后测得的荧光强度；

C_1——测定荧光强度 N_2 时加入的铀标准工作溶液的浓度，单位为 $\mu g/mL$；

V_1——测定荧光强度 N_2 时加入的铀标准工作溶液的体积，单位为 mL；

V_0——分析用水样的体积，单位为 mL；

K——水样稀释倍数。

（2）空气样品中铀含量按如下公式计算：

$$C_气 = \left(\frac{N_1-N_0}{N_2-N_1} - \frac{N_1'-N_0'}{N_2'-N_1'}\right) \times \frac{KC_1V_1V_2}{V_0VY} \qquad (3-17)$$

式中：$C_气$——空气样品中铀的浓度，单位为 $\mu g/m^3$；

N_0'、N_1'、N_2'——测定试剂空白样品时相应的仪器读数；

V_2——样品处理时的定容体积，单位为 mL；

V——测定用样品体积，单位为 mL；

V_0——测定用标准状况下采样体积，单位为 m^3；

K——稀释倍数（样品需要稀释测量时用）；

Y——全程回收率，单位为 $\%$。

（3）生物样品中铀含量按如下公式计算：

$$A_生 = \left(\frac{N_1-N_0}{N_2-N_1} - \frac{N_1'-N_0'}{N_2'-N_1'}\right) \times \frac{KC_1V_1VM}{V_0WY} \qquad (3-18)$$

式中：$A_生$——生物样品中铀含量，单位为 $\mu g/kg$；

V——生物样品灰溶解后的定容体积，单位为 mL；

V_0——测定用样品体积，单位为 mL；

M——灰鲜（干）比，单位为 g/kg；

W——分析用生物样品灰质量，单位为 g。

（4）土壤样品中铀含量按如下公式计算：

$$A_土 = \left(\frac{N_1-N_0}{N_2-N_1} - \frac{N_1'-N_0'}{N_2'-N_1'}\right) \times \frac{KC_1V_1V_2}{VWY} \qquad (3-19)$$

式中：$A_土$——土壤样品中铀含量，单位为 $\mu g/g$；

V_2——样品处理时的定容体积，单位为 mL；

V——测定用样品体积，单位为 mL；

W——样品质量，单位为 g。

（5）全程回收率的测定。

① 空气。使用空白滤膜，揭开并弃去滤膜纱布，加入铀标准溶液，按样品处理与测定步骤操作。

② 生物与土壤样品。空白试剂加入铀标准溶液，按样品处理与测定步骤操作。按如下公式计算全程回收率 Y：

$$Y = \frac{C_1 - C_2}{C_0} \times 100\%$$
(3-20)

式中：C_2——样品铀含量测定值，单位为 μg；

　　　C_1——空白样品铀含量测定值，单位为 μg；

　　　C_0——铀标准加入量，单位为 μg。

《环境样品中微量铀的分析方法》(HJ 840-2017)

实践项目 3.4　　环境空气中氡的测量——活性炭盒法

1. 方法简介

本方法为累积采样，测量结果为采样期间氡的平均浓度。这里采用被动式测量方法，该方法的探测下限至少可达 6 Bq/m³。活性炭盒一般用塑料或金属制成，直径 6~10 cm，高 3~5 cm，内装 25~100 g 活性炭。盒的敞开面用滤膜封住，固定活性炭且允许氡进入炭盒。活性炭盒和活性炭组成活性炭盒法测氡采样器。空气扩散进炭床内，其中的氡被活性炭吸附，同时衰变，新生的子体便沉积在活性炭内。用 γ 谱仪测量采样器的氡子体特征 γ 射线峰强度，根据特征峰面积计算出氡浓度。此方法可用于累积测量。在活性炭和被测空气间设置扩散垒，有助于减少活性炭已吸附氡的解析。扩散垒的存在也减少了活性炭对水蒸气的吸收，因此即使在湿度大于 75% 的地方，也能使采样器的暴露期超过 7 天。

2. 检测仪器

① 活性炭：应选用吸附氡性能优的活性炭，如椰壳活性炭，一般为 8~16 目。

② 活性炭盒：由塑料或金属制成。

③ 烘箱。

④ 天平。

⑤ γ 谱仪：采用 HPGe 或者 NaI(Tl) 谱仪。

3. 测量布点

(1) 室内测量布点。

根据测量目的不同，室内测量分为普查测量、追踪测量和剂量估算三种。普查测量的目的是调查一个地区或某类建筑物内空气中氡的水平，判断其是否达标。追踪测量的目的是确定异常值、估计居住者可能受到的最大照射量以及找出室内氡的主要来源，为治理提供依据。而剂量估算的目的是用于居民个人和集体剂量的估算和评价。测量的目的不同，则采样时的布点要求不同。

对于普查测量，总体要求是测量数据稳定，重复性好。采样条件的具体要求包括：采样要在密闭条件下进行，外面的门窗必须关闭，正常出入时外面门打开的时间不能超过几分钟。这种条件正是北方冬季正常的居住条件，因此普查测量最好在冬季进行。采样期间内外空调、风扇要停止运行。在南方或者北方夏季采样测量，也要保持密闭条件，可在早晨采样，要求居住者前一天晚上关闭门窗，直到采样结束再打开。若采样前 12 h 或采样期间出现大风，则停止采样。采样点要求在近于地基土壤的居住房间内采样，比如底层。仪器布置在室内通风率最低的地方，不可设在走廊、厨房、洗手间内。

对于追踪测量，采样的总体要求是真实、准确，找出氡的来源。具体的布设要求可参照普查测量中采样点的布设要求，并根据具体情况增设采样点以便找到氡的来源。

对于剂量估算测量，总体要求是有良好的时间代表性和空间代表性。在时间上，测量结果要能代表一年中的平均值，并反映出不同季节氡及其子体浓度的变化；在空间上，测量结果要能代表住房内的实际水平。采样点必须满足如下几点要求：在采样期间采样器不被扰动；采样点不要设在由于加热、空调、火炉、门、窗等引起空气变化较剧烈的地方；采样点不应布设在走廊、浴室、厨房内，应布设在客厅、卧室、书房内；若是楼房，应在一层布点。

（2）室外测量布点。

在室外布点应满足下列要求：① 采样点要有明显的标志，要远离公路，远离烟囱。② 地势开阔，周围 10 m 内无树木和建筑物。③ 若不能做到连续 24 h 测量，则应在上午 8～12 时采样测量，且连续 2 d。④ 在雨天，雨后 24 h 内或大风 12 h 内停止采样。

4．测量方法

（1）制备采样器。

① 将采样器按照图 3-5 所示组装好，将选定的活性炭放入烘箱内，在 120 ℃下烘烤 5～6 h，然后装入密封袋中待用。

② 称取一定量烘烤后的活性炭装入炭盒中，并盖上滤膜，再称量样品盒的总质量。

③ 通过密封盖且附加胶带（如乙烯基胶带）密封活性炭盒，隔绝外面空气。

④ 在待测现场打开密封盖，布放 3～7 d。采样终止时将采样器密封盖装回，迅速送回实验室。如果布放在较高湿度的区域，应尽量选用具有扩散垒的采样器。

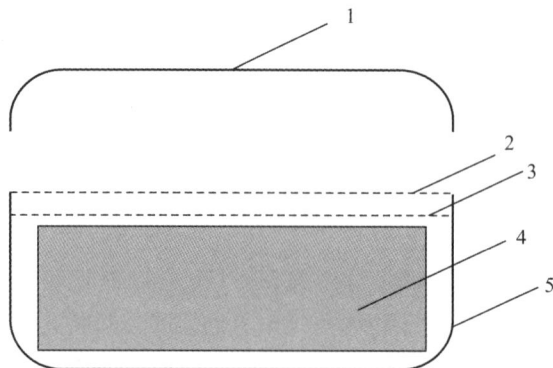

1—密封盖；2—扩散垒(可选)；3—金属网；4—活性炭；5—活性炭盒

图 3-5　活性炭盒法测氡采样器结构

（2）测量步骤。

采样停止 3 h 后应尽快测量，测量前再称量，以计算水分吸收量。将采样器放置在 γ 谱仪上计数，测出氡子体特征 γ 射线全能峰(^{214}Pb：295 keV，352 keV；^{214}Bi：609 keV)净计数率。测量时几何条件与刻度时保持一致。

刻度：刻度系数为氡子体特征 γ 射线全能峰净计数率和标准氡浓度值的比值，单位为 $s^{-1}/(Bq/m^3)$。刻度应在不同的湿度下（至少三个湿度：30%、50%、80%）计算其刻度系数。如果需要精确的测量结果，应在不同采样时间和不同湿度条件下计算刻度系数，得到的刻度系数可汇总成刻度系数表。

5. 测量记录

采样期间，必须做好记录，具体内容包括：村庄或街道的名称，房号、户主姓名；采样器的类型、编号；采样器在室内的位置；采样器开始和终止日期、时间；是否符合标准采样条件；采样器是否完好，计算结果时要如何修正；采样温度、湿度、气压等气象参数；采样人以及其他有用资料，例如房屋类型、建筑材料、采暖方式、居住者的吸烟习惯、室内电扇和空调的运转情况等。

6. 结果评价

氡浓度按照如下公式计算：

$$C_{Rn} = \left\lfloor \frac{N_N}{t_g} - \frac{N_{N0}}{t_0} \right\rfloor \omega \qquad (3-21)$$

式中：C_{Rn}——氡浓度，单位为 Bq/m^3；

　　N_N——特征峰对应的净计数，单位为个；

　　N_{N0}——特征峰对应的本底计数，单位为个；

　　ω——中间变量；

　　t_g——样品测量时间，单位为 s；

　　t_0——本底测量时间，单位为 s。

$$\omega = \frac{f_d}{F_C} \qquad (3-22)$$

式中：ω——中间变量；

　　f_d——衰变修正系数；

　　F_C——刻度系数，单位为 $s^{-1}/(Bq/m^3)$。

$$f_d = e^{\lambda t_i} \left(\frac{\lambda t_g}{1 - e^{-\lambda t_g}} \right) \qquad (3-23)$$

式中：f_d——衰变修正系数；

　　λ——氡的衰变常数，取 $2.1 \times 10^{-6}/s$；

　　t_i——采样结束至开始测量的时间间隔，单位为 s；

　　t_g——样品测量时间，单位为 s。

$$N_N = N_g - N_b \qquad (3-24)$$

式中：N_N——特征峰对应的净计数，单位为个；

N_g——样品测量时特征峰对应的总计数，单位为个；

N_b——样品测量时特征峰对应的本底计数，单位为个。

$$N_{N0} = N_{g0} - N_{b0} \qquad (3-25)$$

式中：N_{N0}——特征峰对应的本底计数，单位为个；

N_{g0}——无样品测量时特征峰对应的总计数，单位为个；

N_{b0}——无样品测量时特征峰对应的本底计数，单位为个。

《环境空气中氡的标准测量方法》(GB/T 14582—93)

04

第4章　物理性污染的控制

　　噪声污染控制技术

噪声污染由声源、传播途径以及受体三个环节组成,因此,噪声控制一般从三个方面采取措施,即在声源处控制、传播途径控制、受体防护。

4.1.1　在声源处控制

声源控制是噪声控制最根本的措施。根据噪声源发声机理的不同,可将噪声分为机械噪声、空气动力性噪声和电磁噪声。值得注意的是,声源不是单一的,同一种设备可能会发出多种不同机理的噪声。

机械噪声是由于机械设备运转时,部件之间相互摩擦、撞击,机械部件产生振动而发出的噪声。机械噪声的声音大小、频率以及发生时间、持续时间等特性与声源的振动强度、振动频率等因素有关。

提高机械设备的制造精密度,改善机械设备的传动系统,减少各部件之间的撞击和摩擦力度,准确地校准中心,调整好平衡,提高运动阻尼等,都可以有效降低机械噪声。实际上,对于既定的机械设备,运转产生的噪声越低,表明该机械设备的精密度越高,其性能也会越好,使用寿命越长。也就是说,噪声的高低是判断机械设备质量优劣的一项综合性指标。

空气动力性噪声是由于气体流动过程中气体之间或者气体和固体介质之间相互作用而产生的噪声。空气动力性噪声的特性与气流的压力、气流的流速等因素有关。常见的空气动力性噪声主要有风机噪声、喷气式发动机噪声、内燃机排气噪声等。

降低流速,减少管道变径、转弯以及障碍物等,适当增加导流片,减小出口处的气流速度梯度,调整风扇叶片的角度和形状,改善管道和设备密封性等,可以有效降低空气动力性噪声。

电磁噪声是由于电磁场交替变化而引起某些机械部件或者空气振动而产生的噪声。电磁噪声的特性主要与电压电流特性、振动部件的性质等因素有关。电动机、发电机、变压器以及灯管镇流器等通常是电磁噪声的主要来源。通过稳定电源、接地线以及电磁屏蔽等方法可以有效降低电磁噪声。

4.1.2　传播途径控制

控制声波的传播途径是控制噪声污染的普遍技术，该技术主要包括吸声、消声、隔声等措施。

1. 吸声技术

吸声技术是用吸声材料和吸声结构降低噪声的技术，它是降噪措施中最有效的方法。人们在室内接收到的噪声包括声源直接传过来的直达声和室内壁面反射回来的混响声两部分。吸声材料可以有效地降低反射产生的混响声，使噪声量降低 5~10 dB。所有的材料都有一定的吸声作用，但是通常来说，只有吸声系数超过 0.2 的材料，我们才称之为吸声材料。根据原理划分，吸声材料主要有多孔吸声材料和共振吸声结构两大类。

（1）多孔吸声材料。

多孔吸声材料主要依靠材料内部的多孔结构将入射声能转化为热能而实现声音的吸收。吸声材料的种类有很多，在工程中应用广泛的主要有无机纤维、有机纤维、泡沫材料、吸声建筑材料等。吸声材料有良好的高频吸声性能，对低频噪声的吸声性能很差。

（2）共振吸声结构。

共振吸声结构是利用声波共振吸声原理设计的吸声体。当入射声波的频率和结构的固有频率接近时，结构产生共振，声波的振动能转化为结构的内能。共振吸声结构的低频吸声性能良好，但是吸声频带较窄，选择性强。

2. 隔声技术

隔声技术是通过屏障使声源和周围环境隔离开，声波通过隔声屏障时因部分被反射而实现降噪的技术。

对于空气传播的噪声，可以通过隔声墙、隔声间、隔声屏、隔声罩等形式隔声；对于通过固体传播的噪声，可以使用橡胶、泡沫、毛毯、塑料等材料或者隔振器来隔绝。

隔声效果取决于三个方面的因素。一是隔声材料的种类、密度、弹性和阻尼等。一般来说，材料密度越大，隔声量越大，材料的弹性和阻尼越大，隔声效果越好。二是隔声构件的尺寸和安装密闭性等。三是噪声源特性、噪声的入射角度。一般来讲，对于高频噪声，隔声效果较好；对于低频噪声，隔声性能较差。

3. 消声技术

消声技术是利用消声器降低气流噪声的技术。消声器是一种既能允许气流通过，同时又能有效降低噪声向外传播的装置。通过安装合适的消声器，可以使气流噪声降低 20~40 dB。但是需要注意的是，消声器只能降低空气动力性设备的气流噪声，而不能降低气流噪声之外的其他噪声。

消声器的种类很多，其消声原理、消声频率、消声量以及结构形式各不相同，主要有阻性消声器、抗性消声器、阻抗复合型消声器。阻性消声器是一种能量吸收型消声器，是让气流通过多孔吸声材料，实现消声的目的。因此，阻性消声器具有吸声降噪的典型特点，即对中高频噪声消声性能良好，消声频带范围宽，对低频噪声消声效果较差。在工业中，常用阻性消声器降低风机进、排气口风噪。抗性消声器则是通过将声波传播通道扩张或者旁接共振器共振，改变声波传播特性，利用声波的反射和干涉效应，阻碍声波向外传播。它对中高频噪声的消除性能较差，对低频噪声的降噪效果较好，经常用于内燃机排气噪声的降噪。阻抗复合型消声器结合了阻性消声器和抗性消声器的优点，可以同时兼顾中、高、低频的消声效果。微穿孔薄板消声器是一种新型的阻抗复合型消声器，它是在金属板上钻许多微孔，代替消声材料，使消声器具有消声功能和共振消声功能。

吸声、隔声、消声技术的适用范围和降噪效果比较可参考表 4-1。

表 4-1　吸声、隔声、消声技术的适用范围和降噪效果

降噪技术	适用范围	降噪效果/dB(A)
吸声	车间内噪声设备多且分散，混响声严重	4~10
隔声	车间工人多，噪声源少，或者噪声源多，但是操作人员少，可以在一定距离观察控制设备	10~40
消声	空气动力性噪声、放空排气噪声等	15~40

4.1.3　受体防护

在一些噪声太大的情况下，通过声源控制和传播途径控制之后，仍不能满足防护要求，或者工作环境不可避免地要接触噪声时，就需要从受体这个环节采取一些防护措施。比如工作环境嘈杂的工人，可以通过佩戴降噪耳塞、消声头盔等减少噪声的影响。对于精密仪器设备，可以通过隔声间、隔振台等减少噪声的影响。

噪声污染控制

知识基础 4.2　　工业噪声污染控制

4.2.1　噪声控制的工作程序

为了将噪声控制规范化，我国制定了《工业企业噪声控制设计规范》（GB/T 50087—

2013)和《民用建筑隔声设计规范》(GB 50118—2010)。

实际工作中的噪声控制分为两种情况:一种是将现有的工业企业噪声降低到允许水平;另一种是新建和改扩建工程,在规划和设计阶段提出噪声防治方案,预防噪声污染的发生。噪声控制的基本程序应该从声源调查入手,通过噪声水平现状测量结果和传播途径分析进行噪声污染预测,比较标准值,确定降噪量、需要控制的主要声源,再选定最佳方案,最后对噪声控制工程进行评价。

4.2.2 工业企业噪声控制设计原则

(1)工业企业噪声应首先从声源上进行控制,如仍达不到要求,则应从吸声、隔声、消声等传播途径处进行控制。因此,对生产过程和设备产生的噪声,应对不同生产工艺的降噪效果进行综合分析,特别需要注意减少冲击性工艺,避免物料传送过程中出现大的高差翻落和直接撞击,尽可能避免高压气体释放,选择自动化远程控制工艺,让工人远离噪声源。

(2)在工业项目的设计阶段要从总体上考虑降噪措施,例如尽可能合理划分功能区,高噪声的厂房和低噪声的厂房分开布置;产生噪声的厂房和噪声敏感建筑物分开;将一些对噪声不敏感的高大建筑物布置在高噪声厂房四周,起到噪声隔离的作用;对室内要求安静的建筑物,其朝向布置应有利于隔声;在车间内部尽量使高噪声设备集中布置等。

(3)厂址的选择既要考虑噪声对周围环境的影响,也要考虑环境噪声对企业的影响。高噪声工业企业应该远离居民区、文教区和医院等对噪声敏感的单位。而对噪声敏感的企业也应该远离铁路、高速公路、机场等交通噪声污染区和其他高噪声污染源。在选址过程中,还应该充分利用地形、绿化带等天然屏障,以此降低噪声的干扰。

4.2.3 工业企业噪声控制的一些问题

工业企业的噪声控制是一个复杂的问题,不仅需要遵循设计规范的规定,还需要不断积累实践经验,灵活运用专业的降噪技术。在工业噪声控制中,需要注意的问题主要有如下几点:

(1)污染源调查阶段要细致、周全,掌握主要的污染源和主要的传播途径。噪声源调查不细致,遗漏部分噪声源以及传播途径,是造成降噪失败的主要原因之一。

(2)要合理确定降噪目标。在制订降噪目标时,既要考虑降噪效果又要考虑经济因素。需要对多方案进行比较,选择合理可行的方案和目标。另外,由于现场条件的复杂性,理论的降噪结果和实际降噪效果往往会有一定的差距,制订降噪目标值时要留有一定的余地。在施工过程中,还需要结合检测结果不断调整设计方案。

(3)要熟悉和了解各种降噪措施的适用条件、特点、成本,采取综合降噪措施,对于特殊或者恶劣环境,选择材料要慎重。

(4)除了考虑降噪效果,还需要兼顾其他非声学问题,如散热问题、系统阻力、安全问题和工人操作问题。

知识基础 4.3　交通噪声的控制

4.3.1　合理的城市规划

合理的城市规划对未来城市环境噪声控制具有非常重要的意义。《中华人民共和国噪声污染防治法》规定，地方各级人民政府在制定城乡建设规划时，应当充分考虑建设项目和区域开发、改造所产生的噪声对周围生活环境的影响，统筹规划，合理安排功能区和建设布局，防止或者减轻环境噪声污染。

在居住区道路规划中，应该对道路的功能和性质进行明确的分类和分级，分清交通性干道和生活性道路。交通性干道主要承担城市对外交通和货运交通，往往车速快、车流量大、高噪声的中大型货车比例高，对周围声环境的影响较大。它们应该避免从城市中心和居住区穿过，可以规划成环形道的形式，从城市边缘绕过。

在拟定道路系统时，应兼顾防噪因素，尽量利用地形设置成路堑式或者利用土堤等来隔离噪声。必须穿过居住区时，可以选择如下措施：① 将干道设计成地下或半地下式，其上布置成街心花园或步行区；② 沿干道两侧设计声屏障；③ 在干道两侧设置一定宽度的防噪绿化带，既可以绿化城市景观，净化空气，又可以减弱噪声。绿化带的降噪效果与树种和绿化带宽度有关。防噪绿化带的植物适合选择常绿的或者落叶期短的树种，高低配置成林带，能起到很好的降噪效果。噪声在通过厚草皮、浓密的阔叶林或者灌木丛时，每 100 m 可以衰减 23 dB，通过稀疏的树干时，每 100 m 的衰减量仅仅 3 dB 左右。通常来说，绿化带的宽度需要设置成 10 m 以上。

生活性道路，只允许通行轻型车辆、公共交通车辆和少量为生活服务的轻型货运车辆。必要时，可对货运车辆进行限制，严禁拖拉机行驶。在生活性道路两侧可布置公共建筑或居住建筑，但是必须仔细考量防噪布局。当道路为东西走向时，道路两侧可以平行布设建筑群，路南侧可以直接布设居住建筑，但是居住建筑内部需要做防噪设计，例如将厨房、洗手间、储藏室等次要房间布置在朝北一侧，或者建筑北侧布设外廊并安装隔声窗。路北一侧可以布设一些商店等公共建筑或者一些无污染、较安静的第三产业，使其呈条状分布，形成连续的防噪屏障，并方便居民生活。当道路为南北走向时，两侧建筑物可采用混合式布局，临街布设低矮的非居住性建筑，例如商店等公共建筑，或者临街布设防噪居住建筑。利用前面的建筑作为后面建筑的防噪屏障，使暴露面尽量减少。

4.3.2　声源处的交通噪声控制

除了合理的城市规划，还可以通过研发和应用低噪声车辆、改进道路设计的方法从声源处降低交通噪声。

1. 研发和应用低噪声车辆

不同载重、不同燃油类型的车辆噪声差距很大。载重汽车和公共汽车噪声级为 88～

91 dB，一般小汽车噪声级为 82～85 dB。相比于燃油车，电动车的噪声低很多，其主要噪声为轮胎噪声。典型的电动公共汽车，急速情况下的噪声级为 60 dB，在 45 km/h 行驶时的噪声级为 76～77 dB，比一般的燃油公共汽车低 10～12 dB。在一些经济发达的一线城市，公共交通车辆绝大多数已经更换为电动公共汽车，除了考虑大气污染控制的因素，噪声污染控制也是重要原因。

2. 改进道路设计

汽车发出的噪声除了车辆本身运转产生的噪声之外，还包括车辆轮胎与路面摩擦产生的噪声，因此，积极研发和推广降噪路面也是控制交通噪声的重要方向之一，国外已经普及降噪路面，我国也正在积极发展。降噪路面可以降低噪声 3～8 dB。

影响交通噪声的重要因素是城市交通状况，合理的城市交通规划有利于改善交通状况，进而降低交通噪声。在交叉路口采用立体交叉结构，可改善交通状况，减少车辆的停车和加速次数，进而明显降低噪声。在同样的交通流量下，立体交叉处的噪声比一般交叉路口处的噪声降低 5～10 dB。

4.3.3 交通管理和城市人口控制

城市噪声随着人口密度的增加而增大，车流量增大，车速增高，城市交通噪声就会增大。控制交通流量，减小车辆行驶速度，降低中型车的比例，也是城市交通噪声控制的重要内容。通常来说，车流量每减少一半，噪声降低 3 dB；车辆行驶速度每降低 10 km/h，噪声降低 2～3 dB；车流中重型车每减少 10%，噪声降低 1～2 dB。

表 4-2 是一些城市噪声控制方法的降噪效果。

表 4-2 城市噪声控制方法的降噪效果

噪声控制方法	噪声控制效果
居住区远离交通干线和重型车辆通行道路	距离增加 1 倍，噪声降低 4～5 dB
按环境功能区进行合理区域规划，居住区远离工业区	噪声降低 5～10 dB
利用商店等公共场所做临街建筑，隔离噪声	噪声降低 7～15 dB
道路两侧采用声屏障	噪声降低 5～15 dB
减少交通流量	流量减少一半，噪声降低 3 dB
降低车辆行驶速度	每降低 10 km/h，噪声降低 2～3 dB
降低车流量中重型车辆比例	每降低 10%，噪声降低 1～2 dB
临街建筑的窗户使用隔声玻璃	噪声降低 5～20 dB
临街居住建筑物房间合理布局	噪声降低 10～15 dB
禁止汽车使用喇叭	噪声降低 2～5 dB

城市交通噪声的控制

知识基础 4.4　　高频设备的电磁辐射污染防治技术

　　近几十年以来，随着各种电气设备和电子设备的普及，电磁辐射已经成为威胁人类健康的主要污染源。为了防治电磁辐射污染，需要制定适当的安全卫生标准，对高频设备在技术上进行屏蔽防护，对新建电磁辐射设施进行科学环评，尽量减少电磁辐射对环境和人类身体健康的影响。

　　电磁辐射的防护，首先要从控制电磁辐射污染源开始，所有电子设备应尽量设计合理，做好模拟预测和危害分析，减少设备的电磁泄漏，其次是做好屏蔽和防护，采用吸收材料，屏蔽设施接地，穿戴屏蔽工作服、工作帽等。控制高频电磁设备电磁辐射污染的主要技术措施有电磁屏蔽、接地、滤波、距离防护和个体防护等。

4.4.1　电磁屏蔽

　　屏蔽是采取一系列的技术措施，将电磁辐射的作用和影响限制在规定的空间范围内。为了实现电磁屏蔽而设置的零件组合称为屏蔽体，或者称为电磁屏蔽室。屏蔽体要求结构严密，接触良好。屏蔽体是采用高导电率的金属材料制成的，根据电磁感应定律，在电磁场中，屏蔽体表面会产生感应电流，这些感应电流又产生新的电磁场，由于新电磁场和原电磁场方向相反，相互抵消，达到了屏蔽的目的。低频时，感应电流很小，它所产生的感应电磁场不足以抵消原有的电磁场，因此，电磁屏蔽只适用于高频电磁场的屏蔽。

　　影响电磁屏蔽室屏蔽效果的因素主要有如下几个方面：

　　（1）屏蔽材料。不同材料对电磁波的衰减系数不同，衰减系数越大，电磁波衰减越快。屏蔽材料必须选用导电性和透磁性高的材料，对于中波、短波电磁辐射，铜、铝、铁均具有较好的屏蔽效果。对于超短波和微波辐射，一般采用屏蔽材料和吸收材料制成的复合材料。

　　（2）屏蔽结构。屏蔽结构上的孔洞、缝隙等会使屏蔽结构不连续，从而影响屏蔽效果，因此在屏蔽室尽量避免开孔、焊接缝隙以及尖端突出物。如果必须要有门、通风口、照明孔等配套设施，这些孔洞上接金属套管可以减小孔洞的影响，套管与孔洞周围要有可靠的电气设备连接。孔洞的尺寸要小于干扰电磁波的波长。另外，如果屏蔽材料是金属网，网孔大小、数目对屏蔽效果也有很大影响，屏蔽网的网孔越密集，网丝的直径越粗，屏蔽效果越好。电磁辐射的频率越高，要求屏蔽材料的网目数越大。双层金属网屏蔽效率大于单层网，当金属网之间的距离大于 5 cm 时，双层网的衰减量相当于单层网的 2 倍。

　　（3）屏蔽层厚度。在接地良好的情况下，屏蔽效率随着屏蔽层厚度的增加而增大。但是对于射频电磁波,当厚度达到 1 mm 以上时,屏蔽效率的差别不显著。

(4)屏蔽体与场源的距离。一般情况下,屏蔽体到场源的距离越大,场源衰减越大,屏蔽效果越好。要保证屏蔽效果,屏蔽距离不可太小,但是屏蔽距离太大会占用不必要的空间。在确定屏蔽距离时,需要兼顾屏蔽效果和空间利用两方面。

4.4.2 接地技术

接地技术包括射频接地和高频接地。射频接地是指将场源屏蔽体或屏蔽体部件内感应电流加以迅速引流以形成等电势分布,避免屏蔽体产生二次辐射,是实践中常用的方法。高频接地是将设备屏蔽体和大地之间采用低电阻导体连接起来,形成电流通路,使屏蔽系统与大地之间形成等电势分布。

射频设备本身最好选择单点接地,原因是,当多点接地时,从这些点到外部构成干扰通路,在屏蔽线外皮上有干扰电流通过,使得屏蔽外皮各点电势不同而产生干扰。屏蔽体则应实行多点接地,采用多条接地线共用接地极的办法。无论是单点接地还是多点接地,都需要注意接地系统本身的天线效应问题,否则当接地不完善时会产生大量的电磁辐射,造成干扰等危害。

射频接地系统设计时还需要注意以下几点:为了尽可能降低接地系统的阻抗,接地线要尽可能短;要保证接地效果良好,接地线长度应避开 1/4 波长的奇数倍;接地线要有足够的厚度,以便维持足够的机械强度。

在中短波段正确接地对电场的屏蔽效果非常明显,接地与否可以相差 30 dB 以上,然而对磁场的屏蔽效能则无明显影响。在短波以及微波段,屏蔽接地对电场的屏蔽作用较小,并且频率越高,接地效果越不明显。

4.4.3 滤波技术

滤波是在电磁波的所有频谱中分离出一定频率范围内的有用波段,保证有用信号有效通过,同时阻止无用信号通过。滤波是降低电磁辐射、产生通信干扰最有效的手段之一。

滤波是通过滤波器实现的,它能够从输入端或输出端电流的所有频谱中分离出一定频率范围内有用的电流。在一个给定的频带范围内,滤波器具有非常小的衰减,能让电流很容易通过,而在该频带范围外,滤波器具有极大的衰减,能有效抑制电流通过。电源网络的所有引入线在屏蔽室入口处必须装设滤波器。

4.4.4 距离防护

从电磁辐射的原理可知,电磁场强度与辐射源到受体之间的距离成反比,电磁场强度随着距离的增加迅速衰减,因此,增大辐射源与受体之间的距离可以有效降低电磁辐射的影响。这是一项简单可行的方法,可以简单地增加辐射源与受体之间的距离,也可以采用机械化或者自动化作业,增加作业距离,或者减少作业人员进入高辐射区的时间。

4.4.5 个体防护

处于高频辐射环境中的工作人员可以采取个体防护方法保护自身。常用防护用具有特制的金属防护眼镜、金属防护服和金属防护头盔等。

　　另外，作为技术措施，还可以通过改进高频设备的设计降低电磁辐射功率，合理布置高频设备减少辐射强度，使用电磁辐射阻波抑制器通过反射作用抑制电磁辐射传播。此外，通过饮食调节，也可以在一定程度上降低电磁辐射的危害，例如，多食油菜、荠菜、卷心菜、萝卜等蔬菜。

电磁辐射的防护

知识基础 4.5　　广播、电视发射台及微波辐射防护

4.5.1　广播、电视发射台的电磁辐射防护

　　对于规划建设的广播、电视发射台建设项目，在项目建设前，必须根据《电磁环境控制限值》(GB 8702—2014)进行电磁辐射环境影响评价，实行预防性的环境监督，提出包括防护带要求等预防性防护措施。

　　对于已经建成的广播、电视发射台，一般可以采取如下措施：

　　(1) 在条件许可的情况下，改变发射天线的结构和方向角，减少对人群密集的聚集地的辐射强度。

　　(2) 在中波发射天线周围场强约为 15 V/m、短波场强约为 6 V/m 的范围设置绿化带，避免人群集中，以减少电磁辐射的影响。

　　(3) 将中波发射天线周围场强约为 10 V/m、短波场强约为 4 V/m 范围内的住房改为非生活性住房。

　　(4) 在辐射频率较高的波段，利用建筑材料对电磁辐射的吸收或反射特性，减小室内电磁辐射强度，如使用钢筋混凝土、金属材料覆盖建筑物等。

4.5.2　微波设备的电磁辐射防护

　　微波辐射的防护，主要措施有如下四方面。

1. 减少源的辐射或泄漏

　　对微波设备采用合理的结构，正确设计并采用适当的措施，完全可以将设备的泄漏水平控制在安全标准以下。在微波设备制成之后，应对泄漏进行必要的测定。另外，规定科学的维修制度和操作规程，合理使用微波设备，可以减少不必要的伤害。减少源的辐射和泄漏对雷达等大功率发射设备的电磁辐射防护非常重要。在实际应用时，可利用等效天线(也就是功率吸收器)，将电磁能转化为热能散失掉。不同类型的吸收器可以保证辐射降低 10~60 dB。

2. 实行屏蔽和吸收

实行屏蔽和吸收是通过切断电磁辐射传播途径的方法来降低微波设备的电磁辐射污染。根据电磁辐射的防护技术，电磁辐射的屏蔽有反射型和吸收型两种。

微波辐射的反射屏蔽主要使用板状、片状和网状的金属组成的屏蔽壁来反射散射的微波，可以较大程度地衰减微波辐射。一般来说，板状的屏蔽壁比网状的好。除了反射之外，也可以用吸收材料将电磁能转化为热能散失掉。吸收材料由吸收剂、基体材料、黏结剂和辅料等复合而成，其中吸收剂起着吸收电磁辐射的作用，是吸收材料的关键成分。

人们日常生活中的微波辐射源主要是微波炉，微波炉在使用时会产生电磁波，通常，微波炉的炉体和炉门之间的缝隙是微波辐射泄漏的主要部位。为了减少微波泄漏，在炉体和炉门之间装有金属弹簧片以减小缝隙。然而，通过金属弹簧片减小缝隙是有限度的，由于经常开、关炉门，并且附有灰尘杂物和金属氧化膜等，微波炉泄漏仍然存在。为此，人们采用导电橡胶来防泄漏，由于长期使用，重复加热，橡胶会老化，失去弹性，以致密封性下降。目前，人们用微波吸收材料来代替导电橡胶，这种吸收材料是由铁氧粉与橡胶混合而成的，它具有良好的弹性和柔软性，容易制成需要的结构形状和尺寸，使用时相当方便，吸收效果好，即使炉门和炉体之间有少量缝隙，也不会造成微波泄漏。

3. 远离辐射源

根据微波辐射传播的特性，微波辐射的能量随着距离增加而迅速衰减，且传播方向集中，因此可以采用远离辐射源的方式，例如将微波场源与人们工作和生活的区域分开，微波场源工作时，操作人员暂时离开、保持距离等，以保护人们免受微波辐射危害。

4. 微波作业人员的个体防护

如果操作人员必须进入微波辐射强度超过卫生标准的环境，则必须采取合适的防护措施。可以采取的个体防护措施主要有：

（1）穿微波防护服。防护服通常是根据屏蔽和吸收原理设计而成的三层金属膜结构。内层是牢固的棉布层；中间为涂金属的反射层，反射从空间传播过来的微波辐射；外层为介电绝缘材料，用以介电绝缘和防腐蚀，并采用电密性拉锁，袖口、领口、裤脚口处使用松紧扣结构。也可以用直径很细的钢丝、铝丝、柞蚕丝、棉线等混织金属丝布制作防护服。现在也有采用将经化学处理的银粒渗入化纤布或棉布的防护服，使用方便，防护效果好，但银为贵金属，来源少，价格昂贵。

（2）戴防护面具。面具有封闭型和半边型，半边型只罩头部的后面和面部。

（3）戴防护眼镜。眼镜可采用金属网或薄膜做成风镜式，其中金属膜防护镜比较受欢迎。

知识基础 4.6　放射性污染源的控制

放射性废物处理的基本途径是将气体和液体放射性废物做必要的浓缩及固化处理后，

在与环境隔绝的条件下长期、安全地存放，净化后的废物则可以有控制地排放，使之在环境中进一步扩散和稀释，固体废物则经去污、整备后处置。污染物料有时经过去污后可再循环利用。

国际原子能机构(IAEA)提出了放射性废物管理的九条基本原则(见表 4-3)，我国根据九条基本原则制定了放射性废物管理的 40 字方针：减少生产、分类收集、净化浓缩、减容固化、严格包装、安全运输、就地暂存、集中处置、控制排放、加强监测。

表 4-3 IAEA 的放射性废物管理基本原则

序号	基本原则	说　明
1	保护人类健康	必须确保对人类健康的影响达到可接受水平
2	保护环境	必须确保对环境的影响达到可接受水平
3	超越国界的保护	考虑超越国界的人员健康和对环境的可能影响
4	保护后代	必须保证对后代预期的健康影响不大于当今可接受的水平
5	不给后代造成不适当的负担	放射性废物管理必须保证不给后代造成不适当的负担
6	国家法律框架	必须在适当的国家法律框架内进行，明确划分责任和规定独立的审管职能
7	控制放射性废物的产生	放射性废物的产生必须尽可能最少化
8	放射性废物的产生和管理间的相依性	必须适当考虑放射性废物产生和管理各阶段间的相互依存关系，实施全过程管理
9	保证废物管理设施安全	必须保证放射性废物管理设施使用寿命期限内的安全

4.6.1　固体废物的处理

1. 固化

固化是在一些弥散性放射性物质，比如放射性污泥、炉灰、残渣等放射性废物中，添加固化剂，使其转化为结构完整的密实固体，即固化体，这样可以减少或避免放射性核素向周围环境的扩散。

固化的目标是使废物转化变成适宜于最终处置的稳定的固体废物，应能满足长期、安全处置的要求和进行工业规模生产的需要，对废物的包容量要大，工艺工程应简单、可靠、安全、经济。对固化工艺的一般要求：高放射性废物的固化应远距离控制和维修，低、中放射性废物的固化操作应过程简单、处理费用低廉。理想的废物固化要具有组织所含放射性核素释放的特性，具体要求包括：

① 低浸出率。浸出率为表示固化产物中放射性核素在水或其他溶液中析出量的指标，低浸出率可以使固化产物在地下或水中长期保持稳定。

② 高热导率。由于放射性废物会释放出大量的能量，因此固化体需要具有较高的热导率，以方便散热，避免内部高温导致的损坏。

③ 高耐辐射性。

④ 高生化稳定性和耐腐蚀性。

⑤ 高机械强度。

⑥ 高减容比。

常用的固化方法有水泥固化法、沥青固化法、塑料固化法和玻璃固化法。

水泥固化适用于中、低放射性废物的固化。目前，进行水泥固化的放射性废物主要有轻水堆核电站的浓缩废液、废离子交换树脂和滤渣等核燃料处理厂或者其他核设施产生的放射性废物。水泥固化的优点是工艺、设备简单，投资费用少，既可以连续操作，也可以直接在容器中固化；缺点是增容大，增容后体积会增大到原来的 1.67 倍，放射性核素的浸出率高。

沥青固化适用于处理中、低放射性废物。沥青固化的优点是浸出率低、减容大、费用低；缺点是不能加入强氧化剂，例如硝酸盐和亚硝酸盐等，固化温度不能超过 $180 \sim 230 \, ℃$。

塑料固化处理过程可以在室温下进行，水和放射性组分可以一起固化，对亚硝酸盐、硝酸盐等可溶性盐有很高的掺和效率，固体浸出率低，并与可溶性盐的组分关系不大，固化增容小，密度小，不可燃；缺点是某些有机聚合物能被微生物分解，固化物容易老化，材料昂贵等。

玻璃固化适用于高放射性废物的固化，已经成为高放射性废物的固化标准工艺流程。

2. 减容

减容是固体废物处理的一项常用技术，其目的是减小体积，降低包装、运输、贮存和处置的费用，处理方法主要有压缩和焚烧两种。对于松散的固体，可以采用压缩减容，废弃物经过切割、破碎后再进行压缩减容，并用标准容器加以包装。压缩处理可以使固体废物的体积减至原来的 $\frac{1}{10} \sim \frac{1}{2}$，与焚烧相比，虽然减容倍数低，但是处理操作简单，设备投资和运行成本低，应用非常普遍。可燃性废物常用焚烧法进行减容，减容比可以达到 $1 \sim 100$，并且可以使有机固体废物转化为无机固体废物，避免了热分解、腐烂、发酵和着火等危险，还可以回收钚、铀等有用物质。但是需要注意的是，焚烧灰渣仍然具有放射性，必须固化处理后装入密闭容器做最终处置。

4.6.2 放射性废液的处理技术

各类放射性废液的比活度、半衰期、含盐量差别很大，处理方法也不一样。放射性同位素废水一般比活度比较低，核素的半衰期也比较短，经过衰变贮存，检测放射性物质浓度合格后可作为一般工业废水处理。核工业放射性废液，一般需要多级净化处理，低、中放射性废液常采用的处理方法有絮凝沉淀、蒸发、离子交换和吸附及膜分离技术。高放射性废液的比活度高，一般需要经过蒸发浓缩后贮存在双壁不锈钢贮槽中。

1. 絮凝沉淀

如果放射性核素以悬浮固体颗粒、胶体或溶解离子状态存在于废水中，则可以通过絮凝沉淀的方法将放射性核素从废水中分离出来。具体方法是向放射性废液中投放一定量的化学絮凝剂，如硫酸锰、硫酸铁、硫酸铝钾、铝酸钠、氯化铁、碳酸钠等，絮凝剂水解，生成带正电荷的胶体粒子，在缓慢搅拌下，胶体凝聚长大，污染物质被其吸附载带，除去絮状物，即可达到净化放射性废水的目的。废水的碱度、絮凝剂用量、混合均匀程度和废水温度对絮凝净化效果都有影响。

絮凝沉淀多用于成分复杂的低、中放射性废水。该方法操作简单、成本低廉，在去除放射性物质的同时，还可以去除悬浮物、胶体、有机物和微生物等；缺点是去除效率比较低，一般为 $50\%\sim70\%$，并且产生大量的放射性污泥，一般作为预处理方法，跟其他方法联用。

2. 蒸发

蒸发是通过提高温度，使水分由液体变为气体，而非挥发性放射性核素以及其他化学杂质大部分残留在蒸发浓缩液中，以分离放射性核素和水的一种方法。其主要目的是将放射性物质浓缩，减少废液的体积，以便降低包装、运输、贮存等后处理的费用，多用于高、中水平放射性废液的处理。蒸发法的突出优点是净化效率较高，一般去污系数（DF）可达到 10^5，并且在某些情况下还可回收有用的化学物质（如硝酸等），而如果二次蒸汽的冷凝水放射性非常低，则可直接排放（达到排放标准）或经其他方法处理后排放。但蒸发不适合处理含易起泡物质和易挥发核素（如 Ru、I）的废水，且蒸发耗能大，处理费用较高。

3. 膜分离

膜分离是指借助膜的选择渗透作用，对混合物中的溶质和溶剂进行分离、分级、提纯和富集。与其他传统的分离方法相比，膜分离具有过程简单、无相变、分离系数较大、节能高效、可在常温下连续操作等特点。由于膜材料、操作条件和物质通过膜传递的机理和方式不同，膜分离可分为反渗透、电渗析、微滤和超滤等。

4. 离子交换和吸附

离子交换和吸附是用离子交换树脂将废液中的放射性核素由液相转移到固相的一种方法。一般来说，离子交换树脂具有可交换的阴离子和阳离子，这些阴离子和阳离子可以与废液中的放射性离子交换，它们从固相转移到液相，而放射性离子由液相（废液）转移到固相（离子交换树脂）。而吸附是用一些多孔材料的选择性吸附作用，将废液中的放射性离子吸附到固体吸附剂上的方法。离子交换和吸附适用于去除盐类杂质含量少的中、低放射性废水。

4.6.3　放射性废气的处理技术

1. 放射性粉尘的处理

通常来说，放射性粉尘可以用普通粉尘的净化设备去除，包括旋风除尘器、袋式除尘器、电除尘器等。

2. 放射性气溶胶的处理

放射性气溶胶一般用过滤装置去除。常见的过滤装置是高效微粒空气过滤器，这种过滤器以玻璃纤维、石棉、聚氯乙烯塑料或陶瓷纤维等材料作为滤芯，具有很高的除微粒效率，对粒径小于 $0.3~\mu m$ 的颗粒，去除效率可以达到 99% 以上，广泛用于几乎所有的核设施内。

3. 放射性气体的处理

放射性气体常用的去除方法是吸附。对 ^{85}Kr、^{133}Xe、^{222}Rn、^{41}Ar 等惰性气体核素一般可以采用活性炭滞留、液体吸收、低温分馏装置及贮存衰变。在核电厂废气中，大多数放射性核素的半衰期小于 1 d，通过贮存衰变，可使惰性气体核素的活度水平大为降低。贮存

30 min，惰性气体混合物的活度可降低至原来的 $\frac{1}{50}$，贮存衰变 3 d，对 ^{85}Kr 的去污系数可达到 10^3。衰变 35～40 d，对 ^{133}Xe 的去污系数也可达到 10^3，贮存衰变对于短寿命放射性核素是经济、有效的方法。

4. 碘同位素的处理

碘同位素是一种挥发性放射性同位素，通常可以采用活性炭吸附器进行处理。活性炭吸附器可以吸附元素碘，也可以吸附有机碘。在用活性炭吸附碘同位素时需要注意，空气中的碳氢化合物和水分可以占据活性炭的活性位置，因此从湿空气中去除有机碘，需要用碘化钾或三乙烯二胺等化学药剂浸渍处理，另外对长时间不用的吸附器，使用前应更换新活化的活性炭。

知识基础 4.7　　辐射防护的一般措施

放射性污染的危害是非常大的，所以必须严格执行国家标准和安全操作规程，加强放射性辐射防护，将辐射剂量控制在国标规定的剂量当量限值以下，保证人群健康不受影响。辐射防护的措施主要有如下几点。

4.7.1　外照射的防护

（1）距离防护。其他条件不变时，作业人员所受的照射剂量与到辐射源的距离成反比，因此增加距离是放射性防护简单有效的方法。

（2）时间防护。作业人员所受的照射剂量与照射时间成正比，因此，操作人员熟练操作，缩短操作时间，可以减少所受辐射影响。

（3）屏蔽防护。屏蔽防护是放射性防护的主要方法。射线的类型不同，采取的屏蔽方法也是不同的：对 α 射线，由于其穿透性很弱，在空气中的飞行距离不超过 10 cm，因此几乎不用考虑对其进行照射屏蔽。如果需要操作强度较大的 α 射线，只需戴上手套，穿好鞋袜，不让放射性物质直接接触皮肤即可。β 射线的穿透能力比 α 射线要强，可以在空气中穿透几米甚至十几米的距离，因此，对 β 射线，一般采用低原子序数的材料，如铝、塑料、有机玻璃等来屏蔽。具有强穿透力的 X 射线和 γ 射线是屏蔽防护的主要对象。对于 X 射线和 γ 射线，通常选择水泥、铁、铅等高原子序数材料。屏蔽材料的密度越大，屏蔽效果越好。中子的穿透能力也很强，对于快中子，可用含氢多的水和石蜡作为减速剂；对于热中子，常用镉、锂和硼作为吸收剂。屏蔽层的厚度要根据中子通量和能量的大小而设定，中子通量和能量越大，需要的屏蔽层越厚。

需要注意的是，同一放射源可能同时释放出不止一种射线，这时需要综合考虑。一般来说，对于外照射，用 γ 射线和中子设计的屏蔽层防护 α 射线和 β 射线是足够的。

4.7.2　内照射的防护

环境中的放射性物质一旦进入人体，就会长期沉积在某些组织或者器官中，既难以准确检测，又难以排出体外，从而造成终生伤害。因此，对内照射的防护主要是控制放射性物质进入人体的各个途径。放射性物质可以通过呼吸道、消化道以及皮肤吸收三条途径进入人体。因此，防止放射性物质进入人体的方法主要是从切断以上三种途径入手：工作场所保持通风换气，降低工作场所空气中气体放射性核素的浓度，减少通过呼吸道进入人体的吸收率；在工作场所严禁饮食，防止放射性核素通过胃肠道进入人体；在操作放射性核素时戴上防护用具，防止放射性核素通过皮肤吸收进入人体。需要特别注意的是，放射性核素通过皮肤伤口的吸收率会比完整皮肤的吸收率增加几十倍，因此当皮肤上有伤口时，需要避免接触放射性核素。另外，制定必要的规章制度、设计合理的放射性操作实验室、加强放射性物质管理、严密监督放射性物质的泄漏和污染情况、发现问题尽早采取措施等方法也十分重要。

放射性污染防护

参 考 文 献

[1] 刘惠玲，辛言君. 物理性污染控制工程[M]. 北京：电子工业出版社，2015.

[2] 贺启环. 环境噪声控制工程[M]. 北京：清华大学出版社，2011.

[3] 刘宏，张冬梅. 环境物理性污染控制工程[M]. 2 版. 武汉：华中科技大学出版社，2018.

[4] 陈杰瑢. 物理性污染控制[M]. 北京：高等教育出版社，2007.

[5] 宋小飞，张金莲. 物理性污染控制实验教程[M]. 广州：华南理工大学出版社，2019.

[6] 温香彩，汪赟. 环境噪声监测实用手册[M]. 北京：中国环境出版集团，2018.

[7] 刘铁祥. 物理性污染监测[M]. 北京：化学工业出版社，2009.